数学と恋に落ちて
方程式を極める篇

ダニカ・マッケラー
菅野仁子 訳

岩波ジュニア新書 888

KISS MY MATH
Showing Pre-Algebra Who's Boss

by Danica McKellar

Copyright © 2008 by Danica McKellar
Illustrations by Mary Lynn Blasutta
All rights reserved including the right of
reproduction in whole or in part in any form.

First published 2008
by Hudson Street Press, New York.
This Japanese edition published 2018
by Iwanami Shoten, Publishers, Tokyo
by arrangement with
Avery (formerly Hudson Street Press),
an imprint of Penguin Publishing Group,
a division of Penguin Random House LLC
through Tuttle-Mori Agency Inc., Tokyo.

目　次

11	文章題を式に直す	1
12	方程式の解法	31
13	文章題と変数の代入	65
14	不等式の解法	91
15	累乗への招待	125
16	変数の累乗	149
17	関数への招待	163
18	関数のグラフ	185
	最後に	227
	付録2	229
	練習問題の答え	233
	索　引	243

[未知数に親しむ篇　目次]

数学と恋に落ちる、ですって！

1　正と負の整数

2　結合法則と交換法則

3　正負の掛け算・割り算

4　絶対値への招待

5　平均値、中央値、最頻値

6　変数の概念に慣れる

7　変数の足し算、引き算

8　変数を含む項の積と商

9　同類項をまとめる

10　分配法則

数学の試験：サバイバル・ガイド

付録1

練習問題の答え

索　引

文章題を式に直す

　数学は独特の言語を使っているので、日常語から数学語へ、数学語から日常語へ、翻訳ができなくてはなりません。これは文章題を解くために、これからもずっと必要なテクニックなのです。この章では上手な翻訳のしかたを勉強します。文章題を解く上で、もっとも難しく、しかし、もっとも大事だからです。しかも、文章題を解くときだけではなく、いろいろと応用できるテクニックであることもわかるでしょう。

　女子と男子は同じ言語を話しているけれど、私はいつも、ちがう言語のように感じます。たとえば、「あとで君に電話するよ。」と男子が言っても、それは、「電話をかけないかもしれない。」と同じ意味で使われていたりするからです。男子はとても理解しにくい言語を使っているようです。男子の言っていることを翻訳するのは難しいようです。このため、女子の携帯電話料金ははかり知れないと思います。男子が言ったことの本当の意味を探り出す必要があるからです。もし、男子の言葉と行動が一致していれば、それを分析するために数時間もかかったりはしないでしょう。わかっていただけますよね？

不公平をなくすために言っておくと、女子の男子に対する言語も明解だとは言えないでしょう。たとえば、女子が「私の誕生日には何も特別なことをしてくれなくてもいいわ。」と言ったとしても、本当に意味するところは「私の誕生日に何かプレゼントを用意してくださいね。誕生日が近いことはちゃんと伝えましたよ。」もし、相手の男子が理解しそこねたなら、それに続く無言のメッセージは、「そんなに高価なものでなくてもいいけど、何か用意するのよ。わかった？　もちろん、別れたいというのであれば別だけれど。どう？」

　おわかり？　幸いなことに、数学語は文字通りに理解できます。まず、数学語だけは上手に翻訳できるようになりましょう。男子と女子の会話については、章の後のほうでまた触れます。

数式を日常語に翻訳する練習

数学的な表現

　数学語について理解すべき大事なことは、作文と同じで、ある言い回しが一つの文を表すこともあるし、文ではなく、文節(文の一部)を表すこともあるということです。たとえば、"このように"、これは文ではありません。これは文の一部で、これだけでは何が言いたいのかわかりません。

　数学語で、文あるいは「命題」と呼ばれるものには、等式や不等式が含まれます。この記号を使うことによっ

て、二つのものを比べて、双方が等しい、あるいは一方がより大きいなどの情報を伝えています。わかりやすいように、述語の部分に下線を引いてみました。

わかりましたか？ 述語があると文になるでしょう。

この言葉の意味は？・・・等式と不等式

等式：等式は等号が使われていて、等号でつながれた左右のものが等しいことは真実である、ということを述べる文です。何だかものものしく聞こえますね。等式は「左は右に等しい。」という数学語の文なのです。これが等式の伝える情報です。

たとえば、$10 = 8 + 2$ は等式の一つです。左辺と右辺は等しい、と言っています。また、$x + 2 = 5$ も等式の例です。これも左辺と右辺は等しいと言っています。(結果として、x の値は 3 に等しいことがわかります。)

もっと例を挙げてみましょう。

"$y = 9$" は「y は 9 と等しい。」ことを意味します。

"$7x - 13 = x + 17$" は「x を 7 倍したものから 13 を引いた値は x と 17 の和に等しい。」ことを意味します。

不等式：不等式も真実を伝える数学語の文です。不等

式では、「左は右より大きい(あるいは、小さい)。」ことを伝えます。不等号 > や < が使われます。たとえば、$x < 9$ は、翻訳すると、「x は 9 よりも小さい。」となります。

　数学語の文である、不等式もある情報を伝えています。x の値が何であるかは、はっきりわかりませんが、9 より小さい値であることはわかっているという意味です。これも一つの情報と言ってよいでしょう。「以上」や「以下」を意味する不等式もあります。その場合は、記号 ≦ や ≧ を使います。いくつかの例を挙げておきましょう。

　$2 < 3$ は「2 は 3 よりも小さい。」ことを意味します。

　$x > 0$ は「x は正である」ことを意味します。

　$2y ≦ 8$ は「y の 2 倍は 8 以下(ちょうど 8 か、あるいは 8 よりも小さい)ことを意味します。

以上が数学語の文であるならば、文でないものには、どんなものがありますか？ いい質問です。

この言葉の意味は？・・・数学的な表現

数学的な表現は、文の一部であって、述語を伴いません。表現は、一つの項であったり、複数の項を演算でつなぎ合わせたものです。表現は、黙って存在しているだけと思ってもいいでしょう。

表現の例としては、$2x+3$ や $9(x-8)$ が挙げられます。それらは何も言いたいことがないようですね。何かと比べるということもないし、どんな値と等しいというような情報を何も伝えていません。じっとこちらを見ているだけなのです。表現(エクスプレッション)の表情(エクスプレッション)をよく見てあげましょう。

ここがポイント！ 表現にも、等式や不等式を含む命題にも、変数が使われていますが、変数に対して何ができるかというところに大きな違いがあります。

表現：未知数に親しむ篇第 6 章で見たように、表現に含まれる変数に値を代入して、表現の値を求めることができます。しかし、変数の値が実際に何であるかを求めることはできません。

命題(等式、不等式など)：変数について解くことができます。つまり、その命題が正しい文となるような変数の値を求めることができます。この変数に勝手な値を代入すると、その命題が間違った文となることのほうが多いのです。（たとえば、等式 $2x+1=5$ に $x=1$ を代入してみてください。間違った式が得られるでしょう。）

数学の述語

数学の "述語" は次のような記号で表されます。＝、<、>、≦、≧、≠、≈。(ずいぶん奇妙な記号だと私は思います。) 他にもありますが、代数に必要なのは以上です。(幾何で使われる述語には、平行である ∥、垂直である ⊥、合同である ≅ などがあり、命題を簡潔に述べる役に立ちます。) これら "述語" の両側に数学的な表現を一つずつ置くと、数学語の文である命題が得られるのです。

数学の述語	意味
＝	(左右が) 等しい
≈	(左右が) ほぼ等しい (単位を変換するときによく使われます。たとえば、1 マイル ≈ 1.61 キロメートルなどです。正確な値 1.60934… を四捨五入しているわけです。このように、おおよその値を表すとき記号 ≈ を使います。)
≠	(左右が) 等しくない
<	(左は右より) 小さい
>	(左は右より) 大きい
≦	(左は右) 以下である
≧	(左は右) 以上である

こうした記号を使うおかげで、数学の "述語" は驚くほど短く表現できます。

練習問題

次の各問題について、**a.** 命題(文)であるか、そうでない(表現)か述べなさい。命題ならば、等式か、不等式かも述べましょう。**b.** 前ページの表を使って日常語に翻訳しなさい。数学語の"述語"を訳した部分には下線を引きなさい。最初の問題は私が解きましょう。

1. $1 < \dfrac{x}{2}$

解：これは命題(文)の一つである不等式です。これが意味するところは、"1 は $\dfrac{x}{2}$ よりも<u>小さい</u>"、ということです。ワニの口は、いつも大きい値を食べようとしていると覚えておくのもいいでしょう。

答え：. a. 命題(不等式)。 b. 1 は x の半分より<u>小さい</u>。

2. $2x - 1 = 0$
3. $\dfrac{y}{3} + 3 + x$
4. $a \geqq 2$
5. $g + 0$
6. $\dfrac{z}{3} < 7$

この問題を解いてみると、日常語の文にすると長くなる内容が、数学語の文では非常に短く書き表せることがよくわかると思います。さて、それでは逆に、日常語か

ら数学語に翻訳することも得意になるような練習を始めましょう。数学語が上達すれば、とても役立ちますよ。

準備体操：日常語から数学語への翻訳

まず、翻訳する力を鍛えるため準備体操をしましょう。日常語を翻訳すると命題(文)になるかどうかを判断するためには、述語に「より大きい」や「等しい」など、何かを結論づける言葉が使われていないかどうかに注目しましょう。それから、注意深く問題を読むことが大切です。一文字もおろそかにしないこと。(…の、という言葉が使われていたら掛け算を意味する場合があることを覚えていますか？ 12ページの表に翻訳の例をまとめましたが、問題をよく読めばこの表を何度も見返す必要はありません。)

 練習問題

次の各問題について、**a.** 何かを結論づける述語を見つけたら、下線を引きなさい。そして数学語では文(等式や不等式)になるか、表現であるか答えなさい。**b.** 数学語に翻訳しなさい。最初の問題は私が解きましょう。

1. x の2倍より7小さい数。

解：「小さい」という言葉が登場するので、不等号を使いたくなるかもしれませんが、二つのものを比べているのではないので不等号 < を使うことはできません。これは、数

学の命題ではく、ただの表現です。注意深く読めば、この「小さい」は引き算の意味で使われていることがわかるはずです。数学語で書けば、$2x - 7$ が答えです。

答え：a. 命題ではない（表現）。b. $2x - 7$

2. 7 は x の 2 倍より小さい。
3. 13 は c の 3 倍より大きい。
4. c の 3 倍より 12 大きい数。
5. y の半分より 5 小さい数。
6. 7 は w の 4 分の 1 より大きい。
7. x の 3 分の 1 より 8 大きい数は 11 である。

ラベルプリンターと変数

ラベルシールをプリントする機械を持っていますか？ 私は持っていませんが、使っている人を見たことがあります。とても便利なもので、はまってしまいそうですね。文字を入力すると、シールに印刷されると

いうものです。「社会科ノート」「髪飾り入れ」「お母さんへ」など、何でも作れます。ラベル作りが大好きな人たちは、手当たり次第に何でもラベルをつけたがります。

こういう習慣のある人は数学の文章題を解く達人になれるかもしれません。なぜかというと、文章題を解くときにまず大事なのは、値のわからないものをみつけて、

それにラベルをつけることだからです。

　「ジーンはかわいいサンダルを買うために貯金をしています。ジーンは銀行口座に 12 ドル預けるところです。」これが数学の文章題の一部だとすると、「私のわからない値(未知数)はなんだろう？　彼女の口座の預金額がわからない。」だから、その金額にラベルをつけましょう。お金だから、マネー(money)の頭文字を使ってジーンの口座の預金額を m ドルとしましょう。

　それでは、m に何をしようとしているのでしょう？ ジーンは預金を 12 ドル増やそうとしています。つまり、数学語に翻訳すると、ジーンの預金額は、$(m+12)$ ドルになります。実際の文章題では、さらに何か計算するように指示されるかもしれませんが、今はとりあえず、翻訳に集中して、その後のことは心配しないでおきましょう。

　もう一つ別の例を挙げておきます。「アニーの年齢を 2 倍して、それを 21 から引きなさい。」わからない値は何ですか？　アニーが何歳かがわかっていません。そこで、アニーの年齢を a 歳としましょう。問題文に戻って、a に何をしようとしているか確かめましょう。それは、2 倍して、21 から引くことです。そこで、数学語に訳すと $21-2a$ になります。

　わかりましたか？ ここで、数学語の語順と、日常語の語順とが必ずしも同じではないということに注目してください。(あなたが、フランス語やスペイン語を勉強したことがあればわかると思いますが、これらの言語では、形容詞は名詞のあとにつきます。フランス語では、「茶色の猫」

は、「猫、茶色の」というように表現されます。数学語でも同じように、正しく意味を翻訳するためには語順を変える必要があるかもしれません。)

これはどうでしょう？「コナーは身長が高くなればいいと思っています。現在の身長を 12 倍した答えを 11 で割るとコナーの理想の身長になるそうです。」

この例では、わからないものが二つあります。コナーの現在の身長と理想の身長です。そこで、現在(present)の身長を表す変数 p と理想(ideal)の身長を表す変数 i とを翻訳に使いましょう。高さ(height)だから h を使ってもよいのですが、それだと、どちらの身長だったか混乱してしまうでしょう。

さて、p が現在の身長だとすると、それを 12 倍し、$12p$ が得られます。そして、その答えを 11 で割るので、値は $\frac{12p}{11}$ になるはずです。そして、これがコナーの理想の身長(つまり i ですね)に等しいと言っています。ということは、等号を使わなければなりません。

$$i = \frac{12p}{11}$$

この後はどうしたらいいでしょうか？ p の値が書かれていて、i を求める問題もあるかもしれないし、i の値が示されて p を求める問題もあるでしょう。どちらの場合でも大丈夫。ここまで正しく翻訳できたのですから。

文章題で注目すべきキーワードを一覧表にしました。

足し算	引き算	掛け算	割り算
…に加える 和、合計 足す	…から引く 差 減らす	…に掛ける 積 …倍する	…で割る 商 (単位量)あたり
より多い、 より年上、 追加する …だけ増える	より少ない、 より若い …だけ減る	…の…(倍)、 2倍、3倍 …人に…個ずつ配る	ひとつあたり …個を…人で分ける、 …個を…個ずつ分ける

　もちろん、問題によっていろいろな言葉が使われるので、問題文を数学語に翻訳するためには、常に論理的に考える必要があります。この一覧表を参考にしてください。

ステップ・バイ・ステップ

文章題を数学語に直す方法

ステップ 1. まず、文章題の全文を読み、何について述べているか、感じをつかむ。

ステップ 2. 未知数をみつけ、それに自分で選んだ名前(ラベル)をつける。未知数が複数あるときは、それぞれにラベルをつけることができる。

ステップ 3. 問題文を再読し、その未知数に何をしようとしているか、把握する。

ステップ 4. いよいよ文章を数学語に翻訳する。上記の一覧表を参照。完成。

11 文章題を式に直す

レッツ スタート！ ステップ・バイ・ステップ実践

ある分数は、$\frac{2}{3}$ の $\frac{1}{2}$（倍）である。

これは普通の文章題のようには見えませんが、数学語への翻訳が必要なことは確かです。一度に文全体が何を意味するか理解しようとすると、めまいを起こしそうな気がするので、1ステップずつ順にやってみましょう。

ステップ 1. 読んでみると、どうも何らかの分数を見つけたいようです。

ステップ 2. その分数の値はわからないので、とりあえず f というラベルをつけましょう。

ステップ 3, 4. その分数には何もしていないので、そのままにしておき、この文を数学語に翻訳してみましょう。

二つの数にはさまれた "の" は、一覧表を参照すると掛け算を意味することがわかります。

$$\underbrace{\text{ある分数}}_{\downarrow} \text{ は } \overset{\downarrow}{\frac{2}{3}} \text{ の } \overset{\downarrow}{\frac{1}{2}} \text{ 倍である}$$
$$f = \frac{2}{3} \times \frac{1}{2}$$

答えは、$f = \frac{2}{3} \times \frac{1}{2}$。

日常語を数学に直すことに成功しました。素晴らしい！分数 f の値を求めるのはとても簡単なので、ここで解い

てしまいましょう。

$$f = \frac{2 \times 1}{3 \times 2} \to f = \frac{2}{6} = \frac{1}{3}$$

この式から、日常語に戻すこともできます。声に出して言ってみましょう。「$\frac{1}{3}$ は、$\frac{2}{3}$ の $\frac{1}{2}$（倍）である。」

日常語っぽくないですが、この文にはきちんとした意味があります。パイが $\frac{2}{3}$ 切れあるとして、それを半分に切ったらどうなるでしょう？ $\frac{1}{3}$ 切れのパイが二枚になりますね。これを頭に入れると、最初のパイの半分とは、二枚に切り分けたうちの一枚です。だから、$\frac{1}{3}$ は、$\frac{2}{3}$ の半分（$\frac{1}{2}$ 倍）に等しくなるのです。

 練習問題

次の文章を数学語に翻訳しなさい。最初の問題は私が解きましょう。

1. キムはブレスレットをたくさん持っています。追加で買った 3 個のブレスレットと合わせて、自分と 9 人の友人とで等分に分けようと思いました。キムが最初に持っていたブレスレットの個数を s として、友人は一人いくつのブレスレットをもらえるか s を使って表しなさい。

解：**ステップ 1.** 問題文を読んでみると、キムはたくさんのブレスレットを分けようとしていることがわかります。それから、ブレスレットを受け取るのは全部で 10 人であ

ることに気をつけましょう。9人の友人とキムだからです。

ステップ 2. さて、どの値がわかっていないのでしょうか？ キムが最初に何個のブレスレットを持っていたかがわかりません。それにラベルをつけましょう。キムが最初に持っていたブレスレットの個数を s とします。

ステップ 3 とステップ 4. それでは、s に何をしようとしているでしょうか？ まず 3 個のブレスレットを追加するので、$(s+3)$ 個になりました。それから、キムはその全部を自分と 9 人の友人、つまり合計 10 人で分けようとしています。つまり、全体を 10 等分しようとしているのですから、$\dfrac{s+3}{10}$ と等しくなります。この表現が、友人の一人が受け取るブレスレットの個数です。完了。

答え：$\dfrac{s+3}{10}$

2. トルーディは、銀行に預けてあるお金を 2 倍にしてから、音楽のダウンロードに 5 ドル使いました。最初の預金額を s（ドル）として、現在の預金額が何ドルであるか s を使って表しなさい。

3. 分数 f は $\dfrac{4}{5}$ の $\dfrac{1}{4}$（倍）である。

4. ブリタニーは、冷凍したブドウが大好きです。キャンディのように甘いのです！ ブリタニーはブドウを大きな器にたくさん盛りつけました。そのうちの 5 粒を自分が食べた後、残りを自分と 5 人の友人――アン、ニコル、アリザ、ポール、クリスチン――で等分します。最初に器にあったブドウを s 粒として、ニコルが何粒もらったか s を

使って表しなさい。(ヒント：問題 1 とよく似ています。)

5. クリスの携帯電話に残っていたメッセージを消去します。まず 10 通のメッセージを消去しましたが、まだたくさん残っていたので、残りの半分も消去しました。携帯電話に最初にあったメッセージの数を s 通として、現在も残っているメッセージの数を、s を使って表しなさい。

6. セーラは携帯電話に着信メロディーをたくさん保存しています。セーラは今日も新しい曲を携帯電話にダウンロードしたので、その曲数は、昨日あった曲数の 2 倍よりも 9 曲多くなりました。昨日あった曲数を y として、現在の曲数を y を使って表しなさい。

7. スザンヌはペットショップで働いています。ある日のこと、店にはたくさんの子犬がいました。その日の閉店時刻までに、その $\frac{4}{5}$ が新しい飼い主に引き取られていきました。スザンヌは、残った子犬の中から二匹を自分で飼うことにしました。午前中にいた子犬の数を m 匹とし、閉店後に店に残った子犬の数を、m を使って表しなさい。(ヒント：一度に 1 ステップずつやってみましょう。)

この章のおさらい

日常語と同じく数学も言語です。述語を含む文はある情報を伝えます。

等式や不等式はどちらも数学語の文です。数や変数のあいだにある関係を伝えます。述語として記号 ＝、＜、＞などが用いられます。

数学の述語が含まれない表現は、数や変数の関係を述べず、文ではありません。

数学の文章題では、まず日常語を数学語に翻訳する必要があります。未知数をみつけて、ラベルをつけることからはじめるとよいでしょう。

文章題を翻訳する際に鍵となるのは、変数と数との関係を数学語で書き表すことです。

ダニカの日記から・・・カレから連絡がない！

カレからの連絡を待ち続けるのがどんなに苦しい気持ちがするか、私は知っています。最初の"本物"のボーイフレンドに出会った 13 歳から 17 歳の間に何度も何度も経験しました。そのカレは、実際に私のことを大切に思ってくれましたが、私にあとで電話するよ、と言うばかりだったのです。そんなカレとは 4 年もお付き合いしたのです！　その後、そのカレとお別れしてからも、電話を待ち焦がれるような男性との出会いは何度かありましたが、この最初の経験の後は、もっと自信を持てるようになり、

14歳のときのように悩むことはなくなりました。

そう、私はある男子に夢中になったのでした。冬休みがはじまる直前のことです。私は、カレが「電話するよ。」と言ってくれたことが頭から離れませんでした。私は電話が鳴るのを待ちわびました。電話の音が鳴るたびに、カレからの電話じゃないかと心臓が飛び出しそうになったほどです。一週間以上が過ぎても、カレからの電話はありません。家族とクリスマス・ツリーの飾りつけをしながら、クリスマスのプレゼントに欲しいのは、カレからの電話だけだと思っていたのを覚えています。冬休みの間、何も楽しむことができませんでした。カレからの電話のことを忘れられたほんの一瞬だけが楽しいときでした。

そして、ようやく電話が鳴りました。カレからです！私は興奮のあまり気を失わなかったのが不思議なほどでしたが、なんとか口を利くことができたようです。とても短い時間でしたが、とても嬉しかったです。カレは「クリスマスおめでとう。」と言い、ほんの少しおしゃべりしてから電話を切りました。

その休暇が明けてから、私たちの間は相変わらずでした。正直なところ、私の母がカレのお母さんに電話して、私に電話をくれるように頼んだのが真相ではないか、と疑っているところもあります。（母親どうしも知り合いでした。）でも、自分の幸せが、カレから電話があるかどうかだけにかかっている、というのは悲しくな

いですか？

　なぜそんなにカレからの電話が重大に思えたのでしょうか？　カレの「電話するよ。」という言葉を、私は「君に電話するよ。なぜなら、どうやら僕は君に恋したようだ。君にキスしたい。一生いっしょにいられたらなあ。僕と結婚してくれないか？」という意味に受け取ったからなのです。

　大げさに聞こえたかもしれませんが、私の心の奥底で、カレはまさしくそう考えているに違いない、少なくともすぐにそう考えるようになるだろうと決めつけていたのでした。電話をくれないなんてありえない！　カレが電話をくれないのは、たぶん、心変わりしたせい？　結婚は 10 年後に延期とか？　だから私は、電話が鳴らないことで落ち込んでしまったのでした。

　しかし、私の思い込みと電話が来ることとは関係ないことでした。確かに電話は鳴りました。それはカレの約束どおり。でも、それ以上でもそれ以下でもなかったのです。

　この経験から私は男子との会話を翻訳するのが難しいことを学びました。だから、私たち女子は男子の考えていることを推測するのにエネルギーを浪費してはいけないと悟りました。友人との電話で、男子が言ったことの本当の意味を解釈するために延々と議論するのは楽しいけれど、まったく間違った結論に飛びついてしまい、あとで苦い思いをすることになります。（ところ

で、男子の言葉を翻訳するよりも確かなことはなんだか知っていますか？ 彼らの態度や行動に注意を払うことです。そのほうがはるかに真実を語ってくれます。)

　私が、何かを知りたくてたまらないとき——それが、ある男性の心の中だろうと、買いたい家の売り出し情報だろうと、ドラマの配役のことだろうと、「電話がくるのを待ちわびていた」あのときと同じ状況に陥ったとき——落ち着いてリラックスして、確かな情報(たいがい、あまり多くはありません)だけに注意すべきことを学びました。そして、自分自身に言い聞かせるのです。「今、私ができることは何もない。心配したり、取り越し苦労したりするのは時間の無駄だ。これからもっと情報が得られるはずだから。」そして、気晴らしに何か別のことをするようにしています。ちょっと練習すれば、あなたもきっとうまくできるようになります！

ストレス解消の方法

　宿題や成績などでストレスを感じていますか？ ちょっとしたことで、ストレスを減らすことができます。音楽を聴いたり、運動したり、深呼吸をするだけでも気分がよくなります。次に挙げる読者からのストレス対処法を試してみましょう。

　「音楽を聴きます。ストレスを感じたときは、いつも助けになってくれます。」キアラ(16歳)

　「お気に入りの絵を見ることにしています。すると、すぐにストレスをほぐしてくれる波が体内に発生して、幸せな気持ちになります。」ロビン(13歳)

「学校や友人関係、人生の悩みなどでストレスを感じたときは、iPodを持ってジョギングします。」ステファニー(14歳)

「ストレスを感じたときは、深呼吸してから、やるぞ！と自分に言い聞かせて、もう一度挑戦します。」アンバー(14歳)

「ストレスをやっつけるには、起き上がって、散歩したり掃除したりします。ガーデニングも好きです。それもストレス撲滅に役立ちます。」アマンダ(15歳)

「思い切り泣いたり、お祈りしたり、友人に悩みを聞いてもらったりすることもあります。どんなタイプのストレスをかかえているかによります。この三種類を全部することもあります。どれもみんな気持ちを和らげてくれます。」アビー(14歳)

「しばらく抱え込んだ後は、両親に相談します。」コーリー(14歳)

「ストレスを感じたらダンスをします。変に聞こえるかもしれませんが、体を激しく動かすと、それといっしょに、ストレスも体から抜けていく気分になれるのです。」シャイアン(14歳)

「ストレスフルな作業は、その前に深呼吸をしてからはじめます。」メーガン(13歳)

「ストレスを感じたときは、ラジオをつけて踊ったり、チアリーダーの掛け声や動きを練習したりします。」メリッサ(14歳)

「学期中はとてもストレスがかかります。特に、授業がすべて終わった直後がたいへんです。あまり宿題のない日は自分の部屋で本を読みます。」トリー(13歳)

「ストレスを忘れるためにスポーツをしたり、おもしろい映画を見たりします。でも、すぐに宿題をしなければならないということは承知しています。先延ばしにしたら提出が遅れて、ますますストレスを感じるからです。」ジェシカ(16歳)

「いろいろあるけど、数学のテストを受けるときは、深呼吸をするとたいてい落ち着きます。」メラニー(14歳)

「ストレスと上手に付き合えているけれども、たまに、枕に

「向かって絶叫したくなることもあります。」グレース(14歳)

「すぐにストレスを感じるタイプなので、日記をつけることで解消します。」ジャンヌ(18歳)

「たくさん宿題があるときは、ストレスを溜めないように、一度に一つの科目に集中することにしています。合間にスナックを食べたり、テレビを見たりします。たいていは、ストレスと上手に付き合えています。」ハナ(14歳)

「私はダンスが好きです。家や学校でストレスを感じたときは、ダンスして気持ちをほぐします。」レイチェル(14歳)

「私は料理が好きです。料理をしていると、ストレスが溶けるように消えてなくなります。」ドーン(17歳)

意外な職業で数学が役立ちます

数学を知っていることは、あなたが考えてもみなかった仕事で有利に働きます。弁護士に数学が必要だなどと誰が思いつくでしょう？(182ページ参照。)ここども、仕事で数学が使われるたくさんの仕事を紹介します。関心ある職業が見つかるでしょうか？

俳優：競争の激しいショー・ビジネスの世界で俳優としてやっていくには、ハリウッドであろうと、ニューヨークのブロード・ウェイであろうと、演技に専念するだけでは足りません。カメラには写らないビジネス面を無視することはできないのです。俳優はたいてい収入の10％を交渉代理人、10％をマネージャー、5％を弁護士に支払います。自分の宣伝のために、一定の金額を支出しなければなりません。こ

11　文章題を式に直す　23

れらすべてを予算に組んでおかなければなりません。ベテランの俳優でも、契約書に書かれた数字を理解しておかないと、お金をだまし取られかねないのです。経験的に言えば、たくさんのせりふを覚えるのに必要な能力は数学で鍛えられたと思います。本番前日の夜に伝えられたせりふの変更に対応するには頭が冴えていないといけないですからね。

インテリア・デザイナー：インテリア・デザイナーが、平凡な古い部屋を模様替えしてセンスよく変身させるテレビ番組は好きですか？　あなたも寝室の家具を移動させたり、椅子や、本棚、壁にかけた絵を選んだりするのが好きですか？　インテリア・デザイナーにとって、空っぽの部屋は、好きなようになんでも描けるキャンバスのようなものです。しかし、創造性も大事ですが、それだけでは成功することはできません。ニューヨークで活躍するインテリア・デザイナーのキャット・リンドシーはこんなことを言っています。「この仕事では、一般の方が想像する以上に数学が頻繁に使われています。家具の配置には大きさ、幅、奥行き、高さを計算しなくてはなりませんし、面倒な分数の計算にも慣れておく必要があります。床のタイルの大きさを決めるために、三角形や平行四辺形などの図形の面積を求めなければなりません。弁護士事務所のようなところをデザインするときには、比率の計算も必要です。たとえば、一人の弁護士あたり何人の秘書がいるか、といったことから適切な部屋割りを決めます。また、美しい曲線的なソファや椅子を用意するなら、さらに幾何

学が必要になってくるでしょう。」

　獣医：ペットを家族の一員のように考える人はたくさんいます。あなたもそうでしょうか？　ペットは人間の素晴らしいパートナーになるだけでなく、飼い主を癒す力も持っています。あなたが動物を飼っているのであれば、獣医という職業も選択の一つかもしれません。獣医になるのは容易なことではありませんが、価値ある仕事です。そして、数学が必要なことは言うまでもありません。まず、獣医の資格を得るために数学が必要なのはもちろんのこと、動物の治療にも数学を欠かすことはできません。ロサンゼルスで獣医をしているティーナ・チェンはこんな風に言っています。「動物を助ける日々に喜びを感じています。私たちの仕事は病気を治すだけでなく、苦痛を和らげたり、もちろん、命を救うことも含まれています。獣医の数学の知識に誤りがあれば、動物が犠牲になってしまうかもしれません。獣医をしていると、毎日のように数学を使うことが必要で、動物の体重を測るような単純なことから、もっと複雑な数学を使わなければならないことがあります。単位の変換に精通したり、方程式を使って、動物の治療に適正な薬の量を割り出したりするのです。」

　イベント・プランナー：あなたは、すべてが完璧に準備された結婚式や大がかりなパーティに出席したことがありますか？　キャンドルや音楽だけでなく、フラワー・アレンジメントなどどれも最高のイベントです。もしあなたが、そういうイベントに参加するよりも、自分でアレンジすることのほうに興味が

あるというのであれば、イベント・プランナーという仕事はぴったりかもしれません。ここでも、あなたが想像している以上に数学を使わなければならないようです。ニューヨーク市でイベント・プランナーの仕事をしているアリソン・ラファティの話を聞いてみましょう。「私たちはしょっちゅう数学を使っています。たとえば会場の床面積を計算して、テーブル、食べ物、司会者用のブースなどが十分に収まるか計算しなければなりません。飾りつけ、食べ物、飲み物などが参加者の人数に見合うかどうかの計算にも数学は欠かせません。（たとえば、イベントの時間帯によって、どのくらいの人たちがコーヒーを飲むか概算します。）」また、シカゴ・ソーシャル誌のイベント・プランナーであるケリー・バーグは、こんなことを言っています。「私の担当するイベントは雑誌社によって年間の予算が決められています。つまり、一つ一つのイベントでどれだけの支出があったか記録をつけて、予算内に収まるよう調整しなくてはなりません。たとえば、過去 10 回のイベントで料理と装飾にどれだけの料金が支払われたのか？装飾のうち、花の支出はどれだけの割合だったか？そうなんです。よいイベントの陰には、比率、分数、整数などいろいろな数学が使われているのです。」

建築家：毎日、出入りする家やビルがどんなふうにして作られたのかなんてめったに考えません。でも、そのことに思いをめぐらしてみると、建築の過程は実に驚くべきものがあります。アメリカ合衆国で言うと、エンパイア・ステート・ビルディング、ジェ

ファーソン記念館、サンフランシスコにあるゴールデン・ゲート・ブリッジはどれも圧巻ですが、世界の建築物にはさらに壮観なものがあります。たくさんの人が、ときには何世代にもわたってようやく完成させたのです。ピラミッドや、タージマハール、万里の長城を目の当たりにしたら、それらの建築物の偉大さを真に理解できるでしょう。いずれも立派な芸術作品であると同時に、科学の成果であることも忘れないでください。ニューヨーク市で活躍する建築家のミッシェル・ドロレッテは、こう言っています。「建築家として成功するためには、芸術家であると同時に、数学的な計算を忘れないことが大切です。私たちに建築設計を依頼する開発業者は完成した建物を売却して、どれだけの利益が上がるかを概算する複雑な数式を使っています。そのため、デザインコストを抑えつつ、しかも斬新なアイデアを駆使して見栄えの良い空間を作り出す仕事にしょっちゅう直面します。デザインをしながらも、これらの制約条件を考えなければならないのは、代数の文章題と芸術的パズルを同時に解こうとするようなものです。」

　ファッション・デザイナー：あなたは、ヴォーグ誌のようなファッション雑誌の最新版が届くと夢中になって読みふけるタイプですか？ 雑誌に掲載された洋服を自分が身に着けているところを想像するだけでなく、自分でもあれこれデザインを考えたりしますか？ もしそうなら、ファッション・デザイナーになるのがあなたの使命かもしれません。ドレス・デザイナーで、ジェスウェイド・デザイン社の創始

11 文章題を式に直す

者であるジェシカ・ウェイドの話を聞いてみましょう。「ファッション・デザイナーに数学が必要であることにはたくさんの理由があります。生地の特質にあわせて、縫い目の両側のデザイン（模様）がぴったり合うように幾何学や計算が必要です。平面的な（二次元の）生地から、立体的な（三次元の）洋服に仕上げるからです。洋服のサイズに応じて、デザインもぴったりとそろわなければなりません。それには比率の計算がかかせません。ファッションも他の製品と同様、ビジネスの一つです。洋服に使われる生地の費用の予算を組むことと、いままでに生産したデザインがどのぐらい売れているのか、販売成績を分析する能力が必要なのです。」

シェフ：すばらしいレストランがあるのは偉大なシェフのおかげです。キッチンでは、どのなべからも蒸気があがり、コックが互いにぶつからないよう動き回りながらすばやく調理し、できあがった料理を運ぶウェイターが出入りしています。ここはレストランの神経中枢とも言え、シェフがその全体の指揮をとるのです。あなたがシェフになったらオリジナルのおいしいレシピを編み出すかもしれません。珍しい料理、特製のソース、お客様が食後まで待ちきれないようなエレガントなデザートなどです。ニューヨーク市にある素敵な四つ星レストラン、ル・ベルナルディンでシェフを務めるスターシャ・ウッドリッチは、こう言っています。「シェフとして成功するためには、分数と比率を深く理解していることが必要です。たとえば、レシピの分量をお客様の人数にぴっ

たり合わせて調整することが不可欠だからです。」そうですね、分数や比率は、あなたが自宅でクッキーを焼く際に友人の数にあわせて必要な材料をそろえるときにも、たくさんのお客様で満席のフレンチレストランのキッチンでシェフが分量を調節するときにも、ともに役に立つ知識なのです。

　映画プロデューサー：あなたは、熱狂的な映画ファンですか？　大好きな映画がどんなふうにして作られたのか、その舞台裏を知りたいと思ったことはありませんか？　スクリーンには映らない、はるかに多くの準備がなされて完成しているということには、あなたも賛成してくれることでしょう。たとえば、映画のプロデューサーは、俳優よりもずっと前からその映画づくりに参加し、その映画の製作費を工面する責任もあります。ハリウッドで活躍する映画プロデューサーのキム・ズービックは、こんなことを話してくれました。「映画のプロデューサーには、数学を使わなければならない機会が数限りなくあります。製作費の見積もりから、映画会社の予算の条件をクリアすること、利潤の何パーセントを受け取れるかという報酬の交渉、スケジュールと予算の管理（比率と代数が必要になる）も仕事の一部だからです。製作費の節約は、映画の撮影中にも直面しなければならない、数学パズルを解くような問題です。予算内に収まるよう映画を製作するのはプロデューサーの大切な仕事です。失敗すれば、その映画は上映できなくなってしまいます。」(62ページに掲載してある、テレビのディレクターであるパメラ・フライマ

11 文章題を式に直す   29

ンのメッセージも参考にしてください。)

　医師:医師であることは、たいへんな達成感があり、感謝される職業です。医師になったあなたは、手術によって患者の命を救ったり、発展途上国に行って医療技術を提供したりするでしょう。出産の感動を分かち合い、事故でけがをした患者が再び歩けるようになるのを体験するかもしれません。ニューヨークで産婦人科の医者を務めるローラ・メーヤーは、こんなことを言っています。「大学で医師を目指す学生は数学を履修しなくてはなりません。現在、私は、毎日数学を使っています。新生児の体重に合わせて薬の分量を調節したり、患者の腎臓の機能を計測するために検査室から送られた数値結果を方程式に代入したりします。」そしてこう言いました。「私の仕事の中で、もっとも感動的なできごとは、やはり、赤ちゃんの出産に立ち会うことでしょう。」

　ブティックの経営者:お店特有の服やアクセサリーを並べるブティックの良さはどこにあるでしょう? ブティックはいつも流行のすべてを追いかけたりはしません。あなたは、ファッション雑誌に従うよりも、自分のスタイルに基づいて服を選ぶタイプですか? そんなあなたは、独自のセンスで品ぞろえできる店の経営に向いているかもしれません。ロサンゼルスで素敵なブティック Wicati を経営するオーナーのエヴァ・ニューハートは、こんなふうに語ってくれました。「数学は、ファッションセンスと同じくらいこの仕事の成功の基盤になりました。ブティック経営にはすべて数字が関係してきます。いくら買

い付けるか、在庫を廃棄すべきか、値引きはどうするか、どのぐらい将来の計画に投資するかなど、すべて計算しなければなりません。私は、ブティックのオーナーであることを誇りに思っていますが、数学なしでは店を続けることは不可能でしょう。」

　カメラマン：あなたは、「今、カメラがあったらこの場面を撮れるのに」とつぶやいたことが何度もあるのではないでしょうか？　さて、どんな瞬間にも、写真を撮る準備を整えて、その大事な場面を逃さないことがカメラマンという職業には要求されるでしょう。太陽が水平線に沈む場面、戦争やデモの記録かもしれないし、人々の日常生活かもしれません。カメラマンの一人一人が独自の世界観を持っていて、写真を通して彼らのものの見方を知ることができるのです。ロサンゼルスを拠点に活躍するカメラマンのキャサリン・サーンズワースはこう言っています。「写真は芸術でしょうが、数学も使っているのです。たとえば、対象物にあたる光の強さは、その対象物と光源との距離の2乗に反比例して減少するのです。言い換えると、ある物体が光源に3倍近づいたとすると、その物体は9倍輝くということです。」

＊＊＊

　数学を仕事に使っている、さらに二人の素晴らしい女性、それは、私の妹と親友ですが、彼女たちの話は182ページを参照してください。

方程式の解法

 これまで変数を扱う練習をだいぶ積み重ねてきたので、そろそろ x を解く問題で力だめしをしてみましょう。お祝いごとや、それにちなんだ行事に関係する(ここは、私を信じてください)にも関係するんですよ。

 私は、犬の目からすると人間の祝日の過ごし方が不思議な光景と映るのではないか、と考えることがあります。犬は、私たちが春のある日、表面に絵を描いた卵をたくさん庭に隠し(イースター・エッグ)、7月に花火を上げ、10月には仮装し(ハロウィン)、12月には家の中に持ち込んだ木に飾り付けをして、ケーキにローソクを立てて火をつけては吹き消したりするからです。(犬も11月の感謝祭のことはよくわかっているはずです。ターキーの一部を頂戴できますからね。)

 これでもまだ足りないとばかりに、私の飼い犬スパンキーは、せっかく美しくラッピングされたプレゼントの包装がほどかれてしまう場面を目撃させられます。しかも、かわいいリボンや飾りはとっておかれて、次のイベントでまた使われては、同じことが繰り返されるのです。プレゼントをラッピングしてはほどくという行為にいっ

たい何の意味があるのでしょう？ スパンキーにすれば、さっさとおもちゃをもらえれば、それで良いのにと思っているかもしれません。

あなたも賛成してくれると思いますが、美しいラッピングはプレゼントに欠かせません。でもラッピングには、数学の逆演算の概念をよりわかりやすく説明してくれるという御利益もあるのですよ。

> この言葉の意味は？・・・逆演算（逆操作）
> 二つの演算が逆であるとは、互いに相手の演算（操作）を打ち消す効果があるということです。箱を開けるのと、その箱を閉じるのは、お互いに相手の操作を打ち消しますね。数学の例では、足し算と引き算が逆演算の関係にあります。ある数を引いてから同じ数を足すと元の数に戻り、ある数を足してから同じ数を引いても元の数に戻るからです。

次ページのような表はもう見たことがあるかもしれませんね。互いを打ち消しあう演算どうし、つまり逆演算を示す表です。

演算		打ち消す演算 (逆演算)
足す(加法)	↔	引く(減法)
引く(減法)	↔	足す(加法)
掛ける(乗法)	↔	割る(除法)
割る(除法)	↔	掛ける(乗法)
平方(2乗)する	↔	平方根をとる
平方根をとる	↔	平方(2乗)する

　たとえば、xに2を加えると、$x+2$が得られます。この操作を打ち消すには、2を引けばいいですね？ 式にすると、$x+2-2=x$ というわけです。これで、振り出しの x に戻りました。2を加えるという操作の後に、その逆の操作をしたからです。

　それでは、x に3を掛けるという操作はどうでしょう？ x は $3x$ になるので、それを元の x に戻すには、3で割るといいですね。つまり、$3x \to \frac{3x}{3}=x$ となるからです。明らかに、この一連の操作は、変数 x に対してだけでなく、数についても成り立ちます。

　5からはじめて、それを平方したとしましょう。$5^2=25$ が得られます。それを元に戻すには平方根をとればいいのです。$\sqrt{25}=5$ として、元の数5に戻りました。たぶん、平方と平方根とが逆演算の関係にあるということは、まだしばらく使いませんが、のちのちのために紹介

しました。(正確に言えば、「平方する」ことと「平方根をとる」ことが逆演算になるのは、正の数またはゼロに対してだけです。負の数からはじめて平方し、平方根をとっても元の数に戻りません。たとえば、-5 からはじめると、それを平方して $(-5)^2 = 25$ となりますが、$\sqrt{25} = 5$ であって -5 ではありません。このことを今はまだ理解できなくても心配することはまったくありません。もっと先に進んでから詳しく学ぶことになるでしょう。)

プレゼントの包み方

これまでは、ある操作の後に、その操作の効果を、たった一回の逆操作で取り消して元に戻すということを考えてきました。方程式を解くときには逆操作を何回かしなければいけないことがあります。これは何重もの包装をほどいたり、ブーツを脱いだりする動作にたとえることができます。

あなたがソックスを履いてからブーツを履いたとしましょう。元の裸足に戻るには、まず、ブーツを脱いでから、ソックスを脱がなければなりません。つまり、はじめに A という操作をした後に B という操作をしたとすると、それを元に戻すには、まず、B を取り消す操作をしてから、A を取り消す操作をしなくてはなりません。それでは、三つの操作をした場合、元に戻すにはどうしたらいいでしょうか?

あなたがもし、妹にかわいいセーターをプレゼントし

12 方程式の解法

たいと思ったら、まず、セーターを箱に入れるでしょう。それから、その箱をきれいな包装紙で包んだ後、リボンの飾りを包装紙の上に貼り付けます。プレゼントを受け取った妹は、あなたがしたのとまったく逆の順番でラッピングをほどいていくことになるでしょう。

プレゼントを包む順番
1. 箱に入れる
2. 包装紙で包む
3. リボンの飾りをつける

プレゼントをほどく順番
1. リボンの飾りをほどく
2. 包装紙をはがす
3. 箱からとりだす

プレゼントを開く最初の動作がラッピングの最後の動作に対応し、プレゼントを開く最後の動作がラッピングの最初の動作に対応しているのがわかりましたか? もちろん、妹は包装紙と飾りをいっぺんに破ったりせず、一つずつ丁寧にプレゼントを開いたとします。

そしてなんと、方程式で x を解いていく方法も、このプレゼントのラッピングをほどくのとまったく同じやり方でできるのです。

映画スターに聞きました!
「大学を卒業できたことはたいへん良かったと感じています。自分自身をどう表現するか学ぶことができたし、何よりも自信を持つことができました。」マギー・ジレンホール(『モナリザ・スマイル』『主人公は僕だった』などに出演)

x を取り出す

$2(x+3)-8$ という表現を見てください。これはどんなふうにしてできたのでしょうか?

はじめ、x はむき出しのまま置かれていました。そこに誰かが x をラッピングしました。具体的には x に3が加えられて $x+3$ となったのです。次に、その全体が2倍されました。その結果、$2(x+3)$ という姿になりました。そして、その全体から8が引かれたのでした。そこで現在の姿は $2(x+3)-8$ なのです。

このようにラッピングされた x をどうやったら取り出せるでしょうか?

まず8を足します。すると $2(x+3)$ が得られますね。そしてその全体を2で割ると、$x+3$ になります。最後に3を引くと、元の x 自身の姿に戻れるというわけです。うまくいきました。

この例によって、プレゼントのラッピングをほどくようにして x を取り出すことができることがわかったでしょうか?

要注意! 上記の例で「その全体」という言葉を何度か使ったことに気づいたでしょうか? 「その全体が2倍されました」とか、「その全体から8が引かれた」のようにです。x をラッピングしたり、ほどいたりするときには、その一部だ

けにではなくて、全体に操作を施してやることが大切です。

たとえば $2x+1$ に対してこれを 2 で割るという操作のラッピングをするときには、$2x$ だけを 2 で割るだけでは不十分なのです。$2x+1$ 全体を 2 で割らなくてはなりません。だから $\dfrac{2x+1}{2}$ とするのが正しいやり方です。

この考え方が重要であることの理由は、この後で方程式を解く際にこの方法を用いるのですが、その際、方程式の左辺と右辺のバランスを保つために、この両辺の全体に演算（操作）を施さなくてはならないからなのです。

ここがポイント！　変数には x ばかりを使ってきましたが、もちろん、この手法はどんな変数にも有効です。変数は a、b、c、n、w、x、y、z、□、☺、❀ など何でもよいのです。

方程式の「x について解く」前の段階として、x をラッピングしたり、取り出したりする練習をしましょう。

練習問題

各問題には x(または他の変数)からはじめて、ある表現を作り上げる過程が日常語で書かれています。それを数学の表現として表しなさい。いつも操作は全体に対して施されることに注意しましょう。それができたら、次にその変数を取り出す過程を説明する練習もしましょう。

最初の問題は私が解きましょう。

1. y からはじめます。8 で割ったあと、4 を引き、それから 3 を掛けます。

解：まず y を 8 で割ると、$\frac{y}{8}$ になります。その全体から 4 を引くのです。$\frac{y-4}{8}$ は誤りでしたね。正しくは $\frac{y}{8} - 4$ です。ここまでは、いいですか？($\frac{y-4}{8}$ は、y から、まず 4 を引き、そして 8 で割るという操作から得られる表現です。) 次の操作は「3 を掛ける」です。この操作も表現の全体に施すので、$3\left(\frac{y}{8} - 4\right)$ です。ラッピングはこれで完成です。次にこの包装をほどくのは、逆の順番に逆演算を施せばいいので、3 で割る、4 を加える、8 倍するとなります。終わり。

答え：$3\left(\frac{y}{8} - 4\right)$。取り出す方法は、3 で割り、4 を加えて、8 倍する。

2. 変数 x からはじめて、3 を加えてから、4 倍する。

3. 変数 y からはじめて、4 倍してから、3 を加える。
4. 変数 z からはじめて、3 を加えてから、4 で割る。
5. 変数 w からはじめて、2 で割り、1 を引き、5 倍する。
6. 変数 n からはじめて、6 倍し、5 を引き、7 で割る。

未知数 x について解く

さて、それではこのラッピングをほどく方法を、方程式の解法に応用してみましょう。その前に、方程式を解くとは何を意味していたのか復習してみましょう。たとえば、方程式が $5(2x+1) - 6 = 29$ ならば、x にどんな値を代入すればこの式が真の命題となるでしょうか？ そのような x の値を見つけることが方程式を解くということです。いろいろな数をためしに x に代入してみるという方法も考えられるでしょう。しかし、x の値は分数かもしれません。分数をしらみつぶしに調べる、なんてできますか？ もっと確実な方法が存在するのです。それを学びましょう。

未知数 x について解くことのおおまかな復習

x を真珠が何粒か入った袋にたとえると、「x について解きなさい」という意味は、その袋の中に何粒の真珠が入っているかつきとめなさい、ということです。そこで、方程式を、釣り合いの取れた天秤だと考えてみましょう。簡単な方程式

$$2x + 3 = 13$$

を例としてやってみます。

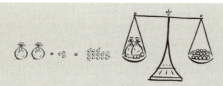

　方程式とは、左辺と右辺の重さの釣り合いがとれている、と言い直すことができます。両辺にまったく同じ操作を施してやると、天秤の釣り合いは保たれたままのはずです。そこで、天秤の両方の皿からそれぞれ3粒の真珠を取り除くことにします。その結果、左の皿には2袋の真珠、右の皿には10粒の真珠が載っていて、釣り合いが取れています。つまり $2x = 10$ です。今度は、両方の皿から、ちょうど半分ずつを取り除くことにしましょう。(両辺を2で割ると言っても良いでしょう。)すると、左の皿には一つの袋、右の皿には5粒の真珠が残ることになるでしょう。つまり、$x = 5$ というわけです。お見事！　これで、袋の中に何粒の真珠が入っているかつきとめることに成功しました。言い換えると、左右の皿に載った真珠の重さがまったく同じになるように保つ操作によって、命題が真となるような x の値を見つけられたというわけです。

数学の問題で x の値を求めることが必要なときは、方程式の両辺に同じ操作をしていき、一方の辺に x だけ、他方の辺は数だけが残るようにするとよいでしょう。x とは反対側の辺にある数が求める答えです。

　もう少し複雑な方程式、たとえば $5(2x+1) - 6 = 29$ の x を求めるには、ばらばらの真珠と袋入りの真珠の絵を描くのは面倒です。そこで別の方法で挑むことにしましょう。(ヒント：ラッピングに関係しています。)

　38ページの練習問題で、ラッピング(数学の表現で表す)と、そこから x を取り出すことをやってみました。

それが役立つときがきました。式の一部である表現だけを表すのでなく、方程式全体を表すのです。（方程式、すなわち等式と表現との違いについては、3-4 ページ参照。手短に言うと、方程式には等号が使われているけれど、表現には等号が含まれません。）図式化すると、次のようになります。

方程式を立てる　⟷　プレゼントをラッピング
方程式を解く　　⟷　ラッピングをほどく

私の好きな数は 3 なので、$x = 3$ が答えとなるような方程式を立ててみることにしましょう。

方程式を立てる：x をラッピングする

$x = 3$	はじめ、x は左辺にたった一つだけで置かれています。
$2x = 6$	次に、両辺を 2 倍します。
$2x + 1 = 7$	それから、両辺に 1 を加えます。
$5(2x+1) = 35$	そして、両辺を 5 倍します。
$5(2x+1) - 6 = 29$	さらに、両辺から 6 を引きます。これだけ包装すれば十分でしょう。

このようにして、次のような方程式が立てられました。

$$5(2x + 1) - 6 = 29$$

この方程式を作った私たちだけはこの答えが $x = 3$ であることはわかっていますね。

さて、きれいにラッピングされた方程式は、だれかに解いてもらうのを待っています。

ここがポイント！　ラッピングの途中で $2x + 1 = 7$ としてから、両辺を5倍するために、左辺をカッコでくくり $(2x + 1)$ としたことに気づきましたか？　両辺に何かの操作をするときには、左右の辺ともに、変数の部分だけでなく全体に同じ操作をする必要があるからです。方程式を解く上で、天秤の釣り合いを保つことがもっとも大切なのです。

方程式の解法：x を取り出す

さて、方程式を立てたラッピングのしかたと比較して、$5(2x + 1) - 6 = 29$ から x を取り出すにはどうしたらいいか考えてみます。ラッピングをほどくのと同様に、方程式の立て方とは逆順にやっていきます。すると最後に x だけが左辺に残ります。やってみましょう。次ページの表のようになります。

各段階で等号が成り立っていることに注意しましょう。両辺に同じ操作をしているからです。

たいていの場合、自分がラッピングしたプレゼントを自分で開封するということはしないのと同じく、自分で

$5(2x+1) - 6 = 29$	x を取り出すために、プレゼント同様、ラッピングしたときの逆順に逆演算を施していく。
→ $5(2x+1) - 6 + \mathbf{6}$ $= 29 + \mathbf{6}$ → $5(2x+1) = 35$	ラッピングの最後にした演算(6を引く)の逆演算、つまり6を加えるという演算を両辺に行います。
→ $\dfrac{5(2x+1)}{\mathbf{5}} = \dfrac{35}{\mathbf{5}}$ → $\dfrac{\cancel{5}(2x+1)}{\cancel{5}}$ $= \dfrac{\overset{7}{\cancel{35}}}{\cancel{5}}$	ラッピングの最後から二番目の演算は両辺を5倍することでした。そこで、その逆演算として両辺を5で割ります。きれいに約分できましたね。
→ $2x + 1 = 7$ → $2x + 1 - \mathbf{1} = 7 - \mathbf{1}$	次は、(1を加えることの)逆演算を考えて、両辺から1を引きます。だいぶ、最終目標に近づいてきました。
→ $2x = 6$ → $\dfrac{2x}{\mathbf{2}} = \dfrac{6}{\mathbf{2}}$	最後に、両辺を2で割ります。(ラッピングでは最初に、両辺を2倍したからです。)約分して2を消去すれば、x を取り出せます。
→ $x = 3$	お見事！ 左辺に x だけが残り、x の本当の姿を見つけられました。

作った方程式を自分自身で解く、ということはしませんね。しかし、これで方程式の舞台裏で何が起こっているのか体験することができたと思います。それでは、方程式を解く過程での近道^{ショートカット}をお教えしましょう。方程式を解くときに、どの演算を先にすればよいか迷ったときには、演算の優先順位 PEMDAS を逆順に打ち消していく

と考えればいいのです。

> **近道を教えるよ！**
> x を取り出すときの順序
>
> 未知数に親しむ篇 30 ページで復習した演算の優先順位（およびパンダの食事）PEMDAS を覚えていますか？ PEMDAS とは、式は次の順番で計算するというルールです。カッコ（P、パレンセシス）が最初、次に累乗（E、イクスポネント）、掛け算（M、マルチプリケーション）と割り算（D、ディヴィジョン）は同順位、そして足し算（A、アディション）と引き算（S、サブトラクション）も同順位。
>
> さて、41、43 ページで見た方程式の立て方と x の取り出し方を振り返り、左辺だけに注目してみましょう。
>
> $$5(2x+1)-6$$
>
> すると x を取り出す手順は、PEMDAS とはまったく逆の順番なのに気づきましたか？ まず引き算（S）の逆演算をやり、次に 5 を掛ける（M）という演算の逆演算をして、最後にカッコ（P）の中の逆演算をやる、という具合に PEMDAS を反対の順番で使ったのです。つまり、x を取り出すときの順番は、まず同順位で足し算と引き算、次に同順位で掛け算と割り算、そして累乗、最後にカッコ（P）となります。

ここがポイント！　PEMDASの最後は足し算(A)と引き算(S)なので、方程式を解くときには足し算や引き算にまず注目し、その逆演算を最初にやりましょう。(もちろん、足し算や引き算がカッコ内にない場合に限ります。)

たとえば、$\dfrac{3(x+1)}{2} = 9$ のような方程式の場合、2で割る演算の逆演算を先にするか、3倍の逆演算を先にするかは、どちらでもかまいません。カッコの中を除くと足し算や引き算は存在しないので、PEMDASの次の逆順は掛け算と割り算で、この二つは同順位です。だから先に両辺を2倍してもよいし、先に3で割ってもよいのです。

ステップ・バイ・ステップ

x について解く(x が一箇所だけ含まれる場合)方法

ステップ 1. まず方程式を観察し、x がどんな順序でラッピングされたか見きわめ、その最後の演算を見つける。そして、その演算の逆演算を両辺に施す。P(カッコ)E(累乗)MD(乗除)AS(加減)の逆順になることに注意。

ステップ 2. 最終目的は、左辺に x だけを残し、右辺を数だけにすることです。これを頭に入れておき、この

状態になるまで逆演算する。両辺に同じ操作をすることを忘れずに。

ステップ 3. x の値が得られたら、元の方程式に代入して、真の命題になっているかを確認する。これはうっかりミスをなくす簡単な方法です。これでテストや宿題で減点されずにすみます！

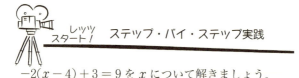 ステップ・バイ・ステップ実践

$-2(x-4)+3=9$ を x について解きましょう。

ステップ 1. まず、PEMDAS の逆順により、両辺から 3 を引きます。-2 は引き算ではなく、-2 倍という掛け算であることに注意しましょう。（方程式の項の順番を入れ替えて $3-2(x-4)=9$ とすると、足し算の記号がなくなりますが、そのようにしても、はじめに両辺から 3 を引くというやり方は上記と同じです。しかも、この順番を入れ替えたこの方程式は、元のとまったく同じ方程式なのです。）

$$-2(x-4)+3-3=9-3$$
$$\rightarrow \quad -2(x-4)=6$$

ステップ 2. ラッピングをほどく操作を続けましょう。次は何？ -2 で両辺を割ると、-2 倍を打ち消すことができますね。

$$\rightarrow \frac{-2(x-4)}{-2} = \frac{6}{-2}$$

左辺を約分すれば -2 が消えます。右辺は、未知数に親しむ篇の第3章でやった負の整数での割り算をして、$6 \div (-2) = -3$ です。

$$\rightarrow (x-4) = -3$$

ずいぶん簡単な形になりました。左辺のカッコは必要ありませんね。何も掛け合わせていないので。だから $x - 4 = -3$。そこで、4を両辺に加えます。（x をラッピングする最初の演算は4を引くことだったのですね。）

$$x - 4 + 4 = -3 + 4 \rightarrow \boldsymbol{x = 1}$$

と、解が求められました。

ステップ3. 答えを確かめるために、$x = 1$ を元の方程式に代入しましょう。

$$-2(1-4) + 3 \stackrel{?}{=} 9 \rightarrow -2(-3) + 3 \stackrel{?}{=} 9$$
$$\rightarrow 6 + 3 \stackrel{?}{=} 9 \rightarrow 9 = 9 \checkmark$$

正しい等式になるので、解は正しいことが確認できました。

答え：$x = 1$

要注意！ テストで答えの欄に慌てて $x = 9$ と書いてしまいがちなので気をつけましょう。値9は、$x = 1$ という解を確かめるときに現れたものです。方程式を解く過程と、解を確かめる過程を区別できるよう整理して答案を書きましょう。そうすれば大丈夫！

上記の方程式を解く別のやり方もあります。はじめに、分配法則(分配法則が、PEMDASとどう関わっていたかの復習は未知数に親しむ篇の第10章を参照)を使って、カッコの中の x と -4 とをともに -2 倍します。このようにすればカッコがなくなり、次のように書き直せます。(-4 の -2 倍をすると負の符号が打ち消しあって8になることに注意。)

$$-2(x-4) + 3 = 9$$
$$\rightarrow \quad -2x + 8 + 3 = 9$$
$$\rightarrow \quad -2x + 11 = 9$$

このように直してから、ラッピングをほどく作業をはじめてもよいのです。はじめに分配法則を使ったほうが、その後の計算がやりやすいと思ったら、そのやり方で大丈夫。どちらの方法でも、まったく同じ方程式を扱っていることに違いはありません。

練習問題

ラッピングされた x を取り出し、方程式を解きなさい。x の値が求められたら、方程式に代入して、合っているか確認しなさい。最初の問題は私が解きましょう。

1. $\dfrac{(x+2)}{5} + 1 = 3$

解：最後に 1 が加えられているので、まず、その逆演算として、両辺から 1 を引きます。$\dfrac{(x+2)}{5} + 1 - 1 = 3 - 1 \rightarrow \dfrac{(x+2)}{5} = 2$。次のラッピングは 5 で割る演算なので、これを打ち消すために、両辺を 5 倍しましょう。$\dfrac{5(x+2)}{5} = 5(2)$。左辺の分母と分子の 5 は、思った通り打ち消し合いますね。$(x+2) = 10$ となります。左辺のカッコをはずしても問題ありません。両辺から 2 を引いて、$x + 2 - 2 = 10 - 2 \rightarrow x = 8$ と、解が得られました。このように両辺に同じ演算を施していけば、x の値を求められます！ それでは、$x = 8$ を元の方程式に代入して、正しい等式が得られるかどうか確認しましょう。

$$\dfrac{8+2}{5} + 1 = 3$$
$$\rightarrow \dfrac{10}{2} + 1 = 3$$
$$\rightarrow 2 + 1 = 3$$
$$\rightarrow 3 = 3 \quad \text{これでよし！}$$

答え：$x = 8$

2. $2(x-6) = -18$
3. $\dfrac{(x-4)}{2} = 1$
4. $3(x-5) - 2 = 7$
5. $\dfrac{(x+1)}{3} + 2 = 3$

女子に聞きました！

13 歳から 18 歳までの女子 200 人以上に無記名でアンケート調査をしました。

初めて見る数学の問題がわからなかったとき、最初にすることは、何ですか？

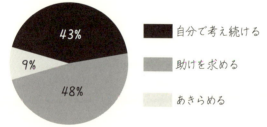

43% 自分で考え続ける
48% 助けを求める
9% あきらめる

私のアドバイスとしては、数学の問題でわからないと思ったときもまずは考え続けることをおすすめします。そして、どう考えてもサッパリわからないとき、助けを求めましょう。いずれにせよ、あきらめないこと！

未知数 x を二箇所以上含む方程式の解き方

方程式には、未知数 x が二箇所以上に含まれるものもあります。たとえば、

$$8x + 4 = 15 - 3x$$

という方程式を解くとき、右辺にある $-3x$ を取り除くことができたら、どんなにいいことでしょう。ですから、最初にやるべきことは x を含むすべての項を左辺に集めることです。どうやったらいいでしょうか? いつものように、両辺にまったく同じ演算を施すことです。両辺に $3x$ を加えてみましょう。

$$8x + \boldsymbol{3x} + 4 = 15 - 3x + \boldsymbol{3x}$$

未知数に親しむ篇第 9 章で同類項をひとまとめにするやり方を使って、 $11x + 4 = 15$ が得られます。このようにしてから、これまでどおりの方法を続ければいいわけです。(この方程式の解は $x = 1$ です。)

ステップ・バイ・ステップ

未知数 x を二箇所以上含む方程式の解き方

ステップ 1. 方程式の両辺に同じものを足したり引いたりして、変数を含むすべての項を左辺に集める。カッコ内の変数と数の項を分けるためには分配法則を使う。同じように、方程式の右辺には数だけの項(定数項と呼ぶ)を集める。

ステップ 2. 変数を含む同類項をまとめて一つの項、たとえば、$5x$ や、$\dfrac{3x}{2}$ の形に直す。

ステップ 3. 演算の優先順位 PEMDAS の逆順にラッピングをはずして、左辺には x だけ、右辺には一つの数だけが残るようにする。このとき、等式が成り立つよう両辺には同じ操作をすることに気をつける。

ステップ 4. x の値が求められたら、元の式に代入して、正しい等式が得られることを確認する。終了。

ステップ・バイ・ステップ実践

x について解きなさい。x にどんな値をあてはめれば、次の等式が正しくなるでしょう？

$$6x + 4 = 2(x+1)$$

ステップ 1, 2. x を含む項は左辺に、数は右辺に集めましょう。そのためには、右辺に分配法則を使って、x の項と数の項を別々にする必要があるようです。すると、

$$6x + 4 = 2(x+1)$$
$$\rightarrow 6x + 4 = 2x + 2$$

次に x を含む項を左辺だけに残るようにするために、両辺から **$2x$** を引きます。

$$6x - \boldsymbol{2x} + 4 = 2x - \boldsymbol{2x} + 2$$

$$\rightarrow 4x + 4 = 2$$

ステップ 3. x を含む項が左辺だけにできたので、x を取り出す残りの作業を続けます。PEMDAS を逆順に打ち消していくためには、両辺から 4 を引けばよいことがわかります。

$$4x + 4 - 4 = 2 - 4$$
$$\rightarrow 4x = -2$$

最後に、両辺を 4 で割ると、x だけが取り出せますね。

$$\frac{4x}{4} = \frac{-2}{4}$$
$$\rightarrow x = \frac{-1}{2}$$

ステップ 4. 解 $x = \frac{-1}{2}$ を元の方程式に代入してみましょう。

$$6x + 4 = 2(x + 1)$$
$$\rightarrow 6\left(\frac{-1}{2}\right) + 4 \stackrel{?}{=} 2\left(\frac{-1}{2} + 1\right)$$

面倒に見えますが、それほど難しくはありません。左辺だけに注目すると $-3 + 4 = 1$。一方、右辺は、まずカッコの内側を計算して $\frac{-1}{2} + 1 = \frac{1}{2}$ となるので、右辺全体では $2\left(\frac{1}{2}\right) = 1$ です。よって、正しい等式 $1 = 1$ に到達できました。というわけでこの解は正しいのです。

答え：$x = \frac{-1}{2}$

ここがポイント！ $3 = x$ と $x = 3$ は同じ意味の等式であることを覚えておきましょう。ですから、x を取り出すときに、x を左辺でなく右辺に残す、というやり方をしてもまったく問題ありません。

親愛なる読者に向けてのメモ：方程式は、問題によってさまざまな困難に出くわすことがあります。そこで、2題の例題を挙げて、特別に詳しく解説しておくことにします。ステップ・バイ・ステップとは少し違った解き方を示しますので、あなたの先生がどんな問題を出してこようと大丈夫です。

方程式を解く例題

例題 1：次の方程式を x について解きなさい。

$$\frac{x}{2} + 3 = 8 - 2x$$

ステップ 1. 等式の左辺に x を含む項をすべて集めるために、両辺に $2x$ を加えます。

$$\frac{x}{2} + 2x + 3 = 8 - 2x + 2x$$

$$\rightarrow \frac{x}{2} + 2x + 3 = 8$$

ステップ 2. どうやって $\frac{x}{2} + 2x$ を一つの項にまとめたらいいでしょうか？ 一つのやり方としては、$2x$ を分数の形 $\frac{2x}{1}$ に直してから共通分母 2 に通分するというように、分数の計算として進めるやり方もありますが、ここでは、より簡単な

別のやり方として、両辺を 2 倍してみましょう。

$$2\left(\frac{x}{2} + 2x + 3\right) = 2(8)$$

$$\rightarrow \frac{2x}{2} + 4x + 6 = 16$$

$$\rightarrow x + 4x + 6 = 16$$

すると、分数を消すことができました。万歳！

ステップ **3.** そこで、x を含む項どうしを合わせて $x+4x=5x$ とします。そして両辺から 6 を引きましょう。

$$\rightarrow 5x + 6 - 6 = 16 - 6$$
$$\rightarrow 5x = 10$$
$$\rightarrow \frac{5x}{5} = \frac{10}{5}$$
$$\rightarrow x = 2$$

解 $x=2$ が得られました。

ステップ **4.** 元の方程式に $x=2$ を代入してみましょう。

$$\rightarrow \frac{2}{2} + 3 \stackrel{?}{=} 8 - 2(2)$$
$$\rightarrow 1 + 3 \stackrel{?}{=} 8 - 4$$
$$\rightarrow 4 = 4 \checkmark$$

ご覧の通り、正しい等式が得られたので、正しい解だということがわかりました。

答え：$x=2$

例題 2：次の方程式を x について解きなさい。

$$4 - x = -9x - 3 + x$$

ステップ **1, 2.** 負の符号がたくさんあってもまずは落ち着きましょう。負の符号を上手に扱うために、引き算は負の数の足し算として書き直します。上記の与えられた式をすべて足

し算の形に直しましょう。ついでに、省略されている係数の 1 も、はっきり書き出すことにしましょう。

$$\rightarrow 4 + (-1x) = -9x + (-3) + 1x$$

次に、どうしたら x を含む項を一つにまとめられるか考えます。右辺の $-9x$ は $1x$ と合わせて $-8x$ とできますね。

$$\rightarrow 4 + (-1x) = -8x + (-3)$$

まだ、x を含む項は一つではありません。両辺に $1x$ を足してみたらどうでしょうか？右辺は $-8x + 1x$ となります。一方、左辺の x は消えてくれます！

$$\rightarrow 4 + (-1x) + 1x = -8x + 1x + (-3)$$
$$\rightarrow 4 = -7x + (-3)$$

だいぶ簡単になってきました。

　ステップ 3. x を含む項は右辺だけになりました。ここから x を取り出すために、3 を両辺に加えると、さらにわかりやすい形になってくれます！

$$\rightarrow 4 + 3 = -7x + (-3) + 3$$
$$\rightarrow 7 = -7x$$

x だけを取り出すために最後にやるべきことは、両辺を -7 で割ることですね。

$$\rightarrow \frac{7}{-7} = \frac{-7x}{-7}$$

右辺の -7 は約分によって分子・分母とも消えます。左辺は 7 を -7 で割り、負の数 -1 が答えとなります。（または、この場合は $\frac{7}{-7} = -\frac{7}{7} = (-1)\frac{7}{7}$ と書き直してもよいです。未知数に親しむ篇 67 ページ参照。）$-1 = x$ を得ました。

　ステップ 4. $x = -1$ を元の方程式に代入してみましょう。

$$4 - x = -9x - 3 + x$$
$$\rightarrow 4 - (-1) \stackrel{?}{=} -9(-1) - 3 + (-1)$$
$$\rightarrow 4 + 1 \stackrel{?}{=} 9 - 3 + (-1)$$
$$\rightarrow 5 \stackrel{?}{=} 6 + (-1)$$
$$\rightarrow 5 = 5$$

よくできました。正しい等式なので、正しい解であることがわかりました。
答え：$x = -1$

宿題をしていて、つまずいた人は、次のコラムで解決法を見つけましょう。

方程式のトラブル解決法

つまずき 1：等式の左辺（または右辺）が何もなくなってしまった！
　方程式を解く途中で、気づいたら左辺や右辺が空っぽになってしまうことがあります。空っぽということは、そこには 0 があるという意味です。たとえば、方程式 $4x + 2 = x$ の両辺から x を引くと、$3x + 2 = 0$ となるのです。$x - x$ の答えは 0 であり、0 を書くのを忘れないようにしましょう。そうすれば、空っぽになって慌てるということはなくなるでしょう。この方程式を最後まで解くと、両辺から 2 を引いたあと、両辺を 3 で割るので、$x = -\frac{2}{3}$ となります。

つまずき 2：x が消えてしまった！
　x の項がすべて打ち消しあって、まったく存在しなくなってしまうことはありえます。計算ミスの結果そうなったのではないとすると、次の二つのうち、一つの場合が起こっていることになります。

- 最後に得られたのが $1 = 1$ のような正しい等式だったとすると、それは、その方程式が x にどんな値を代入しても真であるということです。

一つの例として、$x + 1 = x + 3 - 2$ のような場合がそれです。x に好きな数を代入してみましょう。どんな数であっても等号が成り立つことに気づいたでしょうか？ そして、方程式の両辺から x を引くと、$1 = 1$ が得られます。

- 反対に、正しくない等式、たとえば、$1 = 2$ のような式にたどり着いた場合は、その方程式は、どんな x に対しても成り立たないという意味です。つまり、「解なし」とするのが正しい答えというわけです。

たとえば、$x = x + 1$ が例として挙げられるでしょう。x にどんな数を代入しようと、正しい式は得られません。x に値を代入して正しいか確かめるということはできないので、計算ミスをしていないかを確かめるとよいでしょう。

つまずき 3：マイナスが多すぎる！

問題の方程式に負の符号がたくさん含まれていて、特に x にもマイナスがついている場合にはいい方法があります。式の両辺に -1 を掛ける方法です。これは、54 ページの例題 1 で、分数をなくすために分母の 2 を両辺に掛けた方法とよく似ています。見た目がとても簡単な形になります。

そして、これは正しい方法でもあります。なぜなら、両辺にまったく同じ演算を施しているので、等号が成り立ちつづけるからです。両辺の全体に -1 を掛けることを頭に入れて、分配法則を使いましょう。次の方程式で練習してみましょう。

$$-x - 3 = -2x + 1$$

負の符号がちょっと多すぎるので、両辺に -1 を掛けて、

$$(-1)(-x - 3) = (-1)(-2x + 1)$$

分配法則を使うと、$x + 3 = 2x - 1$ が得られます。

とても簡単な形になりました。一つ一つの項を比較して、負の項が正に替わり、正の項が負に替わっていることに注目してください。両辺にまったく同じ演算を施せば等号が保たれるということを覚えておきましょう。もし、負の項が苦手な人はこの方法がおすすめです。ぜひ試してみてください。

つまずき 4：カッコが多すぎる！

両辺に -1 を掛けたり、引き算を負の数の足し算に直したりするのもいいのですが、カッコが多い方程式の場合の私のおすすめは、まず分配法則を使ってカッコを減らすことです。たとえば、方程式 $-3x - 1 = -2(x-1) - 5(x-2)$ で、マイナスが気になるので両辺に -1 を掛けたとします。

$$(-1)[-3x - 1] = (-1)[(-2)(x-1) - 5(x-2)]$$

ウーム、複雑ですね。計算ミスしてしまいそうです。-1 を掛けるのをやめて、元の方程式の右辺に分配法則を使ってみましょう。$-2(x-1) - 5(x-2) = -2x + 2 - 5x + 10$ ですから、あわせて $-7x + 12$ とできます。すると、元の方程式は $-3x - 1 = -7x + 12$ となって、どこにもカッコは見当たりません。こうやってから両辺に -1 を掛けるほうが、計算ははるかに簡単です。

$$(-1)(-3x - 1) = (-1)(-7x + 12)$$

分配法則を使って、

$$\rightarrow 3x + 1 = 7x - 12$$

符号が入れ替わったのをすばやく確認し、この後の計算を続けます。

これであなたは、方程式を解く練習をする準備万端というわけです。もし、わからないことが出てきたら、上記のトラブル解決法を参照してください。

練習問題

x について解きなさい。51ページのステップ・バイ・ステップに従って、方程式を満たす x を求めましょう。最初の問題は私が解きましょう。

1. $5 - 2x + x = 3 - x$

解：変数 x を含む項を左辺に集めるために、両辺に x を加えることにします。すると、$5 - 2x + x + \boldsymbol{x} = 3 - x + \boldsymbol{x}$ となり、さらに計算を進めると $5 - 2x + 2x = 3$ となり、$5 = 3$ が得られます。x がすべて消えてしまい、正しくない等式が残りました。ということは、x にどんな値を代入しても、決して正しい等式にならないという意味です。

答え：解なし

2. $6x + 10 = 4(x + 3)$
3. $-2x - 5 = -x + 1$
4. $\dfrac{2x}{3} + 1 = x$ （ヒント：両辺を3倍する。）
5. $x + 2xy + 1 - xy = 2x - 7 + xy$ （ヒント：xy の項を一つにまとめるとどうなるでしょう？）

12 方程式の解法

この章のおさらい

📦 xについて方程式を解くことは、きれいにラッピングされたプレゼントの中身を取り出す作業にたとえられます。どの逆演算を先にすればいいか迷ったら、P(カッコ)E(累乗)MD(乗除)AS(加減)の逆順を思いだしましょう。

📦 分配法則が使えないか考えてみましょう。xについて解くときに、たいへん重宝する方法です。

📦 方程式を解く過程で、もっとも大切なことは、方程式の両辺にまったく同じ演算を施してやるということです。そうすることで、天秤の釣り合いが保たれるので、正しい解にたどりつけます。

📦 xを含む項が二つ以上あるときには、それらの項を両辺に加えたり、両辺から引いたりすることによって、方程式の左辺(または右辺)に集めることが大切です。そしてもう片方には、定数項だけが残るようにするとよいでしょう。それから同類項をまとめ、PEMDASの逆順でxを取り出します。

📦 最後は、得られた解を元の方程式のxに代入してみましょう。正しい等式が得られれば、求めたxの値は正しい解であるということを意味します。

脳を強く鍛える

数学の勉強をするというのは、脳を鍛えるジムに通っているのと同じです。何事であれ深く考えることであなたの脳は鍛えられますが、中でも数学を考えることは、重量挙げにたとえられるかもしれません。難しい数学であればあるほど、あなたの脳を強くすることができます。そして少しずつでもこつこつとやれば、違いが出てくるのです。

先輩からのメッセージ

パメラ・フライマン（カリフォルニア州ハリウッド）
過去：自意識過剰で、お昼休みを一人で過ごすタイプ
現在：テレビのディレクター、製作総指揮として活躍中

私の中学時代を思い起こすと、自分が「イケてる」子だと感じたことは一度もありませんでした。私はいつもみんなを笑わせたりしていましたが、それでも、みんなとランチをいっしょに食べるのが好きではありませんでした。自意識過剰だったようです。それで、お昼休みはいつもピーナッツバターつきのクラッカーをその辺のすみっこで一人で食べ、あちこちをうろうろしていたのです。居心地よくありませんでした。

数学の時間は一生懸命勉強して、成績はBランクでした。クラスで一番にはなれませんでしたが、そこそこの成績だったということです。代数の時間に学んだ、論理的に問題を解いていく考え方は私のお気に入りでした。当時は、この考え方が、自分の夢であったテレビのコメディ番組の製作に活かされることになろうとは思いもよりませんでした。

テレビに関わった初仕事は、あるホームドラマの裏方として、コーヒーを準備したり、書類に必要事項を記入したりすることでした。たいした仕事ではなくとも、そこに参加していられるだけでうれしかったのです。やがて少し重要な仕事

も任されるようになり、仕事で数学を使うようになったのです。番組の収録中、残り時間を表示するタイムコードを管理するのが私の仕事でした。それは、とても楽しく、絶え間なく変化するパズルを解いているようなスリルがありました。番組の進行が予定よりどれだけ早まっているのか、遅れているのか明らかにするために、いつも足し算や引き算をしていなくてはなりません。終わりの時間は決まってますが、出演者のトークや演技の時間は予定より長引いたり短くなったりします。それにコマーシャルの時間も考慮しなければなりません。二、三年この仕事を一生懸命こなしたあと、はじめてディレクターに起用されることになりました。

　現在は、人気コメディ「パパはどうやってママに出会ったか」などでディレクターと製作総指揮を担当しています。以前よりもさらに数学的思考が役立っています。論理的な問題解決思考能力は撮影の設定で特に重要です。4台のカメラで短時間に必要な場面の撮影を終了するよう計画を立てるのは、容易な仕事ではありません。数学の文章題を解くように論理的に一つ一つ問題を解決していかねばなりません。「与えられた条件（私が持っているもの）は何で、目的（私が成し遂げたいこと）は何か？」を考えるのです。この現実の文章題に立てられた方程式には、俳優ごと、エピソードごと、場面ごとによって新たな変数が導入されます。しかも解の中に「無駄な時間」があってはならないのです。

　この男性優位の業界にいる一人の女性として自信を持って言えることは、私が現在の番組責任者となるまでの道のりで、他の女性からも男性からも常に励ましを受けたということです。考えてみれば、女性が責任者の地位に就くことはとても自然なことです。私の仕事は、論理的かつ創造的にパズルを解くだけでなく、人間と関わることです。この部分では、私の十代の娘たちが私に十分な経験をつませてくれたといってもいいでしょう。私のチームでは、私が指示を出さなくても

一人一人が期待に応え、それぞれの才能を発揮してベストを尽くしてくれるのは嬉しいことです。おかげで私のチームの番組はヒットし、撮影現場はとても働きやすい雰囲気です。（第 16 章のナンプレはチームのみんなが楽しんでいます。）

　女性は他人を勇気づけたり、共感したり、いろいろなことができるようになるでしょう。あなたの選択次第では、豊かな将来を拓くことも可能です。数学をがんばって論理的な問題解決能力を磨くといいでしょう。あなたが将来どんな職業を選ぶにしても、この力を身につけることで立派なリーダー、立派な女性へと成長できるからです。

文章題と変数の代入

　お金を余分にチャージされないために、私たちは電話の料金体系を熟知しなくてはなりません。高い料金を払いたくなければ、通話時間を短くしなければなりません。困りましたね。

　たとえば、あなたの大の親友がスペインに一ヶ月滞在することになったとしましょう。彼女と一ヶ月もまったく話さないなんて、考えられないでしょう？　電話会社によって海外への電話料金は違っています。たとえば、あなたは次の二つの電話会社から選ぶことができるとしましょう。

素敵電話社：月額 14 ドル、通話 1 分あたり 10 セント
幸福電話社：月額固定料金なし、通話 1 分あたり 30 セント

　もし、あなたが電話で長時間の通話をしないのであれば、幸福電話社を選ぶのがよいでしょう。素敵電話社のほうが安くなるのは、毎月の通話時間が何分以上のときでしょうか？

　第 11 章で日常語を数学語に直す方法を練習し、第 12 章では x について解くということを学びました。この章

では、この二つを合わせて、難しい文章題を解いてみることにしましょう。

まず、第 11 章で翻訳した文章を数学の文章題として完成させて、それを解くことに挑戦しましょう。変数にどのような演算を施しているのか、数学語に正しく翻訳しさえすれば、方程式を解くのは比較的簡単であるとわかるでしょう。

11 ページで取り上げた例を文章題として完成させると次のようになります。「コナーは身長が高くなればいいと思っています。現在の身長を 12 倍した答えを 11 で割るとコナーの理想の身長になるそうです。コナーの理想の身長が 6 フィートだとして、コナーの現在の身長を求めなさい。」

はじめの二つの文は 11 ページとまったく同じです。このとき、コナーの現在の身長を p、理想の身長を i とラベル付けすることにしたのでした。数学語に翻訳すると、以前と同じく $i = \dfrac{12p}{11}$ が得られるはずです。

今回はコナーの理想の身長が 6 フィートであることがわかりました。ということは $i = 6$ です。つまり $i = 6$ を代入することによって、方程式 $6 = \dfrac{12p}{11}$ を作ることができました。それでは、この方程式を p について解いてみることにしましょう。このラッピングをほどくために、まず両辺を 11 倍して $66 = 12p$ が得られます。次に、両辺を 12 で割って $\dfrac{66}{12} = p$ となりますが、約分ができるので $p = \dfrac{11}{2}$ です。帯分数に直せば $p = 5\dfrac{1}{2}$ フィート $=$

5 フィート 6 インチ が得られます。(1 フィートが、12 インチなので、その半分は 6 インチに等しい。)

答え：コナーの現在の身長は 5 フィート 6 インチ。

方程式を解く能力を磨いたところで、14 ページの練習問題を文章題として完成させたので、挑戦してみましょう。

 練習問題

14 ページの問題文に追加された新しい情報をもとに方程式を立て、それを解きなさい。(時間を節約するために、14 ページの練習問題の答えを参照してもよい。) 最初の問題は私が解きましょう。

1. キムはブレスレットをたくさん持っています。追加で買った 3 個のブレスレットを合わせて、自分と 9 人の友人とで等分に分けようと思いました。友人が 2 個ずつブレスレットをもらったとすると、最初にキムが持っていたブレスレットの数 s はいくつだったでしょうか？

解：15 ページを参照すると、友人一人あたりのブレスレットの個数は、$\frac{s+3}{10}$ と表すことができました。私たちは、今、その値が 2 であるとわかったので、$2 = \frac{s+3}{10}$ が正しいとわかりますね？ここから s について解けばいいのです。両辺に 10 を掛けて、$(\mathbf{10})2 = \frac{(\mathbf{10})(s+3)}{10} \to 20 = x+3$ となります。両辺から 3 を引き、$20 - \mathbf{3} = s+3 - $

$3 → 17 = s$ が求められました。解が正しいのを確かめるのは簡単です。最初のブレスレットの個数が 17 だとすると、3 個買ったために、全部で 20 個になりました。それを合計 10 人で分け合います。2 個ずつになるので、解は正しい。

答え：17 個

2. トルーディは、銀行に預けてあるお金を 2 倍にしてから、音楽のダウンロードに 5 ドル使いました。現在の預金額が 195 ドルだったとすると、最初の預金額 s（ドル）はいくらだったでしょうか？

3. ブリタニーは、冷凍したブドウが大好きです。キャンディのように甘いのです！ ブリタニーはブドウを大きな器にたくさん盛りつけました。そのうちの 5 粒を自分が食べた後、残りを自分と 5 人の友人――アン、ニコル、アリザ、ポール、クリスチン――で等分します。ニコルが受け取ったのが 7 粒だとすると、最初に器にあったブドウの数 s はいくつでしょうか？

4. クリスの携帯電話に残っていたメッセージを消去します。まず 10 通のメッセージを消去しましたが、まだたくさん残っていたので、残りの半分も消去しました。現在も残っているメッセージが 8 通だとすると、携帯電話に最初にあったメッセージの数 s は何通ですか？

5. セーラは携帯電話に着信メロディーをたくさん保存して

います。セーラは今日も新しい曲を携帯電話にダウンロードしたので、その曲数は、昨日あった曲数の2倍よりも9曲多くなりました。セーラは現在、51曲を持っているとすると、昨日までの曲数 y はいくつですか？

6. スザンヌはペットショップで働いています。ある日のこと、店にはたくさんの子犬がいました。その日の閉店時刻までに、その $\frac{4}{5}$ が新しい飼い主に引き取られていきました。スザンヌは、残った子犬の中から二匹を自分で飼うことにしました。すると、店には子犬が1匹もいなくなりました。午前中にいた子犬の数 m(匹)はいくつでしょうか？

文章題を解く上でのさらなる作戦

問題を解く手がかりとして、与えられた情報を表や図に表すのが役立つこともあります。この章のはじめに紹介した問題に対して、この方法でアプローチしてみましょう。素敵電話社のほうが割安になるのは、毎月の通話時間が何分以上のときでしょうか？ それぞれの電話会社の料金体系は次のようでした。

素敵電話社：月額 14 ドル、通話 1 分あたり 10 セント
幸福電話社：月額固定料金なし、通話 1 分あたり 30 セント

さて、目標はどちらの電話会社の料金が安いのかを比較することです。数学語に翻訳するときに、どの値を未知数とすればよいでしょうか？ それは通話時間です。それでは通話時間に m(分)とラベルを付けましょう。この

ラベル m を使って、それぞれの会社の電話料金を m を使って表してみます。通話時間 m 分に対してかかる電話料金は、それぞれ次のように表されます。

素敵電話社：$14 + 0.10m$（ドル）
幸福電話社：$0 + 0.30m$（ドル）

電話料金がいくらくらいになりそうかの感覚をつかむために、m の値として5分、30分、2時間(120分)、5時間(300分)を代入し、それぞれの電話会社の料金を計算して表にしてみましょう。

通話時間 m(分)	素敵電話社の料金 $14 + 0.10m$(ドル)	幸福電話社の料金 $0.30m$(ドル)
$m = 5$(分)	$14 + (0.10)(5)$ $= 14.50$(ドル)	$(0.30)(5)$ $= 1.50$(ドル)
$m = 30$(分)	$14 + (0.10)(30)$ $= 17.00$(ドル)	$(0.30)(30)$ $= 9.00$(ドル)
$m = 120$(分)	$14 + (0.10)(120)$ $= 26.00$(ドル)	$(0.30)(120)$ $= 36.00$(ドル)
$m = 300$(分)	$14 + (0.10)(300)$ $= 44.00$(ドル)	$(0.30)(300)$ $= 90.00$(ドル)

これによると、あなたがほとんど電話を使わず、通話時間が一ヶ月たったの5分足らず(そんなわけないよね！)ならば、幸福電話社がはるかに安いでしょう。素敵電話社の料金が14ドル50セントのところ、1ドル50セントしかかからないのですから。でも使用時間が長くなり、

13 文章題と変数の代入 71

m の値が増加すると、どこかの時点でこの二つの会社の料金はまったく同じ金額になるでしょう。さらに m の値が増えると、素敵電話社のほうが安くなるようです。

たとえば、ある月の通話時間で計 5 時間（300 分）なら、幸福電話社は 90 ドルなのに対し、素敵電話社はたったの 44 ドルです。

この二つの会社の料金は、30 分と 2 時間の間でどちらが安くなるか入れ替わるようです。それが何分のところなのかを、どうやって見つけ出したらよいでしょうか？ 二つの会社の料金がぴったり同額になるような m の値を探さなくてはなりませんね？

仮に、二つの料金を等号で結んだらどうでしょう？

$$\text{幸福電話社の料金} = \text{素敵電話社の料金}$$
$$0.30\,m = 14 + 0.10\,m$$

二つの表現を等号で結んだこの式の意味は、「幸福電話社の料金と素敵電話社の料金がまったく等しい」ということになります。二つの料金の大小関係は変わるのに、こんなふうに言い切ってしまいました。まず、このように言い切ってしまい、次にこれが本当になる特別な m の値を求めようというわけなのです。話の順序が逆のような気がするかもしれませんが、これでよいのです。

さて、m について解きましょう。

$$0.30\,m = 14 + 0.10\,m$$
$$\to 0.30\,m - \mathbf{0.10\,m} = 14 + 0.10\,m - \mathbf{0.10\,m}$$

$$\to 0.20\,m = 14$$
$$\to \frac{0.20\,m}{0.20} = \frac{14}{0.20}$$
$$\to m = \frac{14 \times \mathbf{10}}{0.20 \times \mathbf{10}} \quad (\text{右辺の小数を消す})$$
$$\to m = \frac{140}{2}$$
$$\to m = 70$$

　これで、二つの会社の料金が同額になる通話時間が何分であるかつきとめることができました。しかし、表でみたように、通話時間が長いほど、素敵電話社のほうが安くなります。ですから結論は、スペインにいる親友と70分以上話すのであれば、素敵電話社のほうが有利です。一ヶ月でたったの1時間10分！　素敵電話社にしなくちゃね！

　ところで、この「二つのものを仮に等号で結んでみる」という新しい考え方ですが、教えてもらわなければ、容易には思いつかないでしょう。だから、この方法に気づかなかったとしても心配することはありません。

ラベルは惜しみなく、たくさん使いましょう！

　数学の文章題では、「リサは3年後に何歳になるでしょう？」とか、「ケリーは最初にいくら持っていたでしょう？」などを求める問題が出されます。こう書いてあれば、最終的に何を求めるべきかという目標ははっきりしています。でも、目標がわかったからといってすぐに問題が解けるとはかぎりません。かえって、迷ってしまうこともあります。「どうやってその値を求めたらいいのだろう？」と頭がこんがらがってしま

うかもしれません。だれにでもそんな経験はあります。

教科書によっては、求める値だけにラベルを付けて、それ以外には付けないように指示していることもあります。このようにしてすぐに解が求められるのなら、もちろん、それでよいのです。しかし私の経験上、このやり方でスイスイといかないときは、目標にこだわらないほうがうまくいきます。

そして、未知数に惜しみなくラベルを付けて、与えられた条件を表現していくのです。ラベルをつけた未知数どうしの関係を書き出していくと、見通しがよくなるのです。

電話料金の問題を例にとると、通話時間に名前 m(分)をつけるだけでなく、料金の総額も未知数としてラベルを付けることができます。素敵電話社の一ヶ月の料金を s(ドル)とする、というふうにです。つまり $s = 14 + 0.10m$ になります。さらに、幸福電話社の一ヶ月の料金を k(ドル)として、$k = 0.30m$ と書き出すとよいでしょう。

それから表を作成するなどすれば、二つの料金が等しくなる($s = k$)のは何分後かを求めればいいのだ、ということに気がつくかもしれません。そこで、$14 + 0.10m = 0.30m$ とすればいいのです。

計算の途中でこうしたラベルは不要になったことに気がつくかもしれませんが、このおかげで、考え方の筋道がはっきりしてきます。ですから、楽しんでラベル作りをしましょう！

みんなの意見

「数学が本当に好きなんです —— 一番得意な科目というわけではないけれど、好きなんです。」ケリー(14 歳)

「恥ずかしいからと、そのたびにあきらめていたとしたら、何も成し遂げられないよね？」ミッシェル(17 歳)

変数に変数を代入する

ラベルを付けた未知数が複数ある文章題を解くときに便利なテクニックがあります。変数に他の変数を代入するやり方です。

文章題を解くときには、未知数を一つだけ含む方程式にたどりつくことを目指しましょう。そうすれば、第12章で学んだ方程式の解き方を使って解くことができるからです。しかし、72ページで見たように、文章題を数学語に翻訳するときに二つ以上の変数を使うとわかりやすくなることがあります。このとき、立てた方程式も二つ以上になることがあります。この後、どうしたらいいのでしょうか？ 変数に変数を代入すると、どんなふうにうまくいくか、次の例で見てみましょう。

方程式 $y = 2x$ と $3x + 5y = 26$ が得られたとします。ウーム。どちらの方程式も、それ一つだけでは解けそうにありません。どちらも二つずつの変数があるからです。しかし、二つの方程式から、変数が一つしかない新しい方程式を作ることができるのです！ さぁ、やってみましょう。

最初の方程式の意味は、x がどんな値であろうと、y の値はその2倍だということです。そこで、二番目の方程式で y の代わりに $2x$ と書いてみましょう。$y = \boldsymbol{2x}$ を使って、

$$3x + 5y = 26$$
$$\rightarrow 3x + 5(\boldsymbol{2x}) = 26$$

$$\rightarrow 3x + 10x = 26$$

となりました。これは変数が一つだけの方程式なので、難なく解けます。

$$\rightarrow 13x = 26$$
$$\rightarrow \boldsymbol{x = 2}$$

最初の方程式に $\boldsymbol{x = 2}$ を代入すれば y の値も簡単にわかります。

$$y = 2x$$
$$\rightarrow y = 2(\boldsymbol{2})$$
$$\rightarrow \boldsymbol{y = 4}$$

そして、元の二つの方程式に $\boldsymbol{x = 2}$ と $\boldsymbol{y = 4}$ を代入すると、どちらも真の等式になるはずです。

それではこれを実際の文章題に応用してみましょう。まずはやり方を整理しておきます。

ステップ・バイ・ステップ

どこから手をつけていいかわからない文章題の解き方を順に説明します。(この方法は、まわりくどく見えるかもしれませんが、たいていの文章題を攻略するのに役立ちます。何度も読み、例題で繰り返せば百人力です。)

ステップ 1. 未知数を探し、変数としてラベルを付ける。あなたがすべての未知数を一つの変数で書き表せたならば、お見事。でもそれが難しければ、二つ以上の変数を使って表しましょう。

ステップ 2. もう一度、問題文を読み、変数にどのような操作が施されているかを読み取る(問題によっては、図や表にしてみるとわかりやすくなります)。これを数学語に翻訳する。

ステップ 3. 変数どうしの関係を読み取り、それを方程式に表す。何か等号で置き換えられるようなことが書かれていないかを探す。69 ページの電話料金の問題でみたように二つの表現が等号で結べないか考えてみるのもよい。

ステップ 4. 変数を二つ以上使った場合もこれで準備完了。方程式が変数を一つだけ含むように書き直す。これはたいてい、変数に変数を代入してできます。短い方程式を長い方程式に代入してみましょう。

ステップ 5. 得られた方程式を解く。どの変数の値を答える問題なのか確認する。解を元の文章題に代入して、正しい文章になっていることも確認する。

文章題は注意深く読めばすぐに解き方のわかるものもたくさんあります。しかし、やり方が見当もつかない問題にぶつかったときは、このステップ・バイ・ステップを思い出してください。きっと役に立つはずです。

13 文章題と変数の代入　77

ステップ・バイ・ステップ実践

10 ページの例文から作った文章題を解きます。

"アニーの年齢を 2 倍して、それを 21 から引くと、ダニーの年齢に等しい。ダニーとアニーは同い年です。アニーは何歳でしょうか？"

ステップ 1. えっ、と思いましたか？ 落ち着いて、安心してください。ラベルを付けさえすれば、簡単になります。アニーの年齢を a とします。もう一度読み返すと、未知数がもう一つありました。ダニーの年齢です。ダニーの年齢は d としましょう。

ステップ 2. 変数にはどんな操作を施していますか？ えーと、a は 2 倍して、次に 21 から引いていますね。10 ページにも示したとおり、それは $21 - 2a$ と表現されます。d は何もせず、そのままです。

ステップ 3. 変数 a と変数 d はどんな関係にあるか、問題文の中を探してみましょう。アニーの年齢を 2 倍してそれを 21 から引くと、ダニーの年齢に等しい、とあるので、$d = 21 - 2a$ ですね。他にはありませんか？ ダニーとアニーは同い年、とあります。だから $d = a$ ですね。これで、二つの変数を含む方程式が二つできました。

ステップ 4. 次にやるべきことは、変数を変数に代入して、変数が一つだけの方程式を作ることです。二つの

方程式のうち、短く簡単なのは $d = a$ です。ですから、もう一つの方程式 $d = 21 - 2a$ の d とあるところに a を代入します。すると、$a = 21 - 2a$ が得られます。

ステップ 5. 方程式 $a = 21 - 2a$ を解きましょう。a を左辺に集めるために、$2a$ を両辺に加えます。

$$a + 2a = 21 - 2a + 2a \to 3a = 21$$

この両辺を 3 で割ると、$\frac{3a}{3} = \frac{21}{3} \to a = 7$。アニーの年齢を求める問題なので、これが答えになります。元の文章題に解を代入しましょう。アニーの年齢 7 を 2 倍 ($7 \times 2 = 14$) して、それを 21 から引くと $21 - 14 = 7$。これはダニーの年齢でアニーと同い年になります。解が正しいことが確認できました。

答え：アニーは 7 歳です。

ここがポイント！　変数を一つだけ含む方程式を作ることをめざしましょう。ここまでできたら、それを解くのは簡単です。

次にもう少し難しい問題に挑戦しましょう。三つの変数を含む三つの方程式が登場します。

13　文章題と変数の代入　79

テイク　別の例でためしてみよう！
ツー！

アマンダ、ダバナ、エミリーは、みんな同じ携帯電話を使っています。三人とも着信メロディーを収集することに夢中です。アマンダは、ダバナの2倍の曲を集めました。エミリーのメロディーはアマンダより3曲多くなりました。三人の曲数を合計すると103になりました。ダバナのメロディーは何曲でしょうか？

ステップ1. 落ち着いてラベルを付け、情報を整理しましょう。三つの未知数があるようです。アマンダの曲数を a、ダバナの曲数を d、エミリーの曲数を e としましょう。ここまではいいですか？

ステップ2. この問題では変数に何の操作もしていないようなので、次に進みます。

ステップ3. 変数どうしの関係を見ていきましょう。アマンダの曲数はダバナの2倍ですから、$a = 2d$ です。($2a = d$ とどっちが正しいか自信がないときは、実際の数をいくつか代入して比較するといいでしょう。私はいつもそうしています。）次に、エミリーはアマンダより3曲多いので、$e = a + 3$ です。（もちろんここでは $e = 2d + 3$ とすることも可能です。なぜだかわかる？) そして、三人の曲の合計が103ということは、$a + d + e = 103$ になりますね？　問題文を読み返してみましょう。見落

とした情報はありませんか？ 何もなし。次に進みましょう。見てください。このように整理して表せましたよ！

$$a = 2d$$
$$e = a + 3$$
$$a + e + d = 103$$

ステップ 4. 一つだけの変数を含む方程式に変換するには、ウーム、どうやったらいいでしょう？ 簡単そうなはじめの二式 $a = 2d$ と、$e = a + 3$ だけに注目しましょう。すると、a のところに $2d$ を代入でき、第二の方程式は $e = 2d + 3$ となりますね？ そこで、第三の方程式を見て、a のところに $2d$ を代入し、e のところに $2d + 3$ を代入してみます。

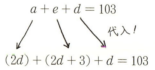

$$(2d) + (2d + 3) + d = 103$$

それぞれ代入した後では、どの項の変数も d だけになっていることに注目しましょう。

ステップ 5. これで方程式が解けます。まず、d が含まれる項を一つにまとめましょう。

$$2d + 2d + d + 3 = 103$$
$$\to 5d + 3 = 103$$
$$\to 5d + 3 - 3 = 103 - 3$$

$$\to 5d = 100$$
$$\to \frac{5d}{5} = \frac{100}{5} \to d = 20$$

つまり、ダバナは 20 曲を持っていたことがわかります。問題文で求められていたのはダバナの曲数ですから、これが答えです。これからエミリーとアマンダの曲数もわかることに注意しましょう。$a = 2d$ から、アマンダは $2(20) = 40$ 曲 $(a = 40)$、$e = a + 3$ から、エミリーは $40 + 3 = 43$ 曲 $(e = 43)$ 持っていたことになります。正しい解かどうか確かめておきましょう。$20 + 40 + 43 = 103$。大丈夫！

答え：ダバナの曲数は 20 曲。

フー、難しかったかな？ 変数に変数を代入するやり方の威力を実感していただきたいです。簡単そうな方程式を使って、変数を一つだけ含む方程式を一つ作れたら、あとは解けるようになりますね。

ここがポイント！　文章題を解くときに、どこから手をつけたらいいかわからないときは、とりあえず、未知数にラベルを付けてみましょう。そして変数どうしの関係を書き出していくのです。驚くほど簡単になっていくのがわかりますよ。

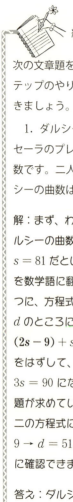
練習問題

次の文章題を、変数に変数を代入するステップ・バイ・ステップのやり方で解いてみましょう。最初の問題は私が解きましょう。

1. ダルシーのプレイリストに登録されている音楽は、セーラのプレイリストの曲数の2倍より9曲だけ少ない曲数です。二人の曲数を合わせると81曲になります。ダルシーの曲数はいくつでしょうか？

解：まず、わかっていない値にラベルを付けましょう。ダルシーの曲数を d とし、セーラの曲数を s とします。$d + s = 81$ だということがわかりますね。それから、最初の文を数学語に翻訳すると $d = 2s - 9$ になります。変数が二つに、方程式も二つとなりました。最初に立てた方程式の d のところに $d = 2s - 9$ を代入してみましょう。すると、$(2s - 9) + s = 81$ という方程式が得られました。カッコをはずして、変数 s の項をまとめ、両辺に9を加えると $3s = 90$ になるので、$s = 30$ がわかります。しかし、問題が求めているのはダルシーの曲数なので、$s = 30$ を第二の方程式に代入します。$d = 2s - 9$ から $d = 2(30) - 9 \rightarrow d = 51$。解が正しいかどうかは最初の方程式で簡単に確認できます。$30 + 51 = 81$。やったー！

答え：ダルシーの曲数は51曲。

13 文章題と変数の代入 83

2. あるバッグと、それにお似合いの靴が合計で 95 ドルします。靴はバッグよりも 55 ドル高い値段です。バッグはいくらでしょうか。（ヒント：結論を急がないことです。）

3. お母さんがあなたに、ガレージの掃除をして一時間に 4 ドルのお小遣いを稼いではどうか、と持ちかけてきました。土曜日の朝 8 時より前にこの掃除を始めたら、ボーナスとして 10 ドル加算しましょうと言っています。ところがお父さんは、地下室の掃除をしたら一時間に 4 ドル 50 セント払おうと言ってきました。どちらの仕事も週末中かかりそうです。どちらを引き受けるか決める前に、次のことを確かめておきましょう。a. 仕事は土曜日の朝 8 時より前に始めることにします。また、この週末は 15 時間働くことにします。どちらの仕事がより報酬が大きいでしょうか？ b. 二つの報酬が等しくなるのは何時間働いたときですか？（ヒント：69 ページの通話料金の例を参照。）

4. ハンターはダンカンよりも 3 歳年上です。レスリーはダンカンよりも 4 歳年下です。三人の年齢の合計が 41 だとすると、三人はそれぞれいくつ？

この章のおさらい

どこから手をつけたらいいか見当もつかない文章題に出会ったときは、まず、未

知数のそれぞれにラベルを付けてみましょう。そして未知数どうしの関係を見つけて、日常語を数学語に翻訳していけばよいでしょう。

変数と方程式が複数できたときは、変数を変数に代入して、変数を一つだけ含む一つの方程式を作り、それを解きます。

解が得られたら問題文を読み返すことを習慣づけましょう。複数の変数のうち、どれを答えなければいけないかに注意します。

ダニカの日記から・・・現実と空想

　想像力はとてもすばらしいものです。想像力があるからこそ、大きな夢を見て、その夢を実現しようとがんばれるのです。しかし、気をつけないと、想像力のために痛い目に遭うこともあります。17ページのダニカの日記がその例です。ある男子が、「君に電話するよ。」と言ったことで私がどんな空想を膨らませましたか、ご覧になりましたね。私は、結婚式を挙げた後、二人が腕を組んで教会の階段を降りていく場面を夢見て、やがて生まれてくる子どもの名前はどうしようかしらと考えるほどだったのですよ。そのころの私はまだ中学生だったので、勘弁してくださいね。

13 文章題と変数の代入

女子がある男子に夢中になると、現実にないことまで空想してしまうのは、ありがちなことですね。人は、「見たことを信じてしまう(Seeing is believing.)」と言いますが、私は逆に、「信じたことを見てしまう(Believing is seeing.)」こともあるのじゃないかと思います。わかっていただけますか？

こういう現象は、恋愛だけでなく、人生のどの場面でも起こりうるようです。私たちは、現実には存在しないことから、ある結論に飛びついたりしがちです。

たとえば、83ページの2番の問題を読んで、方程式を立てずに40ドルが答えだと思った人はいませんか？ このような問題を初めて見たときに、直感的にそのように思う人は多いようです。数学の文章題を解く重要な鍵は、問題文を文字通りに理解することです。何と書いてあるか？ どんな情報が与えられているか？ を読んでいくのです。それから読み取ったことを注意深く数学語に翻訳すると、正しい方程式が姿を現します。そこではじめて、それまでわからなかった解き方が最後まで見えてくるようになるでしょう。問題をどう解いていくのが最初の段階で見通せなくても、問題文に書かれているとおり忠実に数学語へ翻訳するように気をつけていけば、途中でまごついてしまうことはなくなっていくでしょう。目の前にある事実をしっかりと見きわめようとしていれば、道に迷うことはありえません。

このことは人生にも言えるような気がします。文章

題と同じく、目の前にあるものだけ、それ以上でも以下でもなく、を見ることができるというのは大事な能力だと思うのです。もちろん、私も女優ですから、空想がすばらしいもので、ワクワク感を味わえるものだということはよく承知していますよ。

　空想したり、希望を持ったりすることを止めてしまう人もいるようです。その理由は、空想したり、希望を持ったりすると、それが叶わなかったときにがっかりするからというものです。私はこの考え方には賛成できません。私は、人生の目標を達するためには、想像力を十分に発揮し、楽しい夢をいっぱい見ることが大切だと思います。そして、実現しない夢があったとしても落ち込まないことです。なぜなら、現実の人生において、私たちが空想もしなかった素晴らしいサプライズ（キャリアや出会いなどで）にたくさん出会える可能性もあるでしょうから。

水平思考パズル

　常識に基づいて判断すべきことはたくさんあります。たとえば、あなたの親友の恋人を誘惑したとしたら、あなたはその親友を失うだけでなく、自分自身を許せなくなるだろうというのは当然判断

できますね。それに対して、あなたがズッキーニを嫌いだとしたら、ズッキーニのパウンドケーキは当然おいしくないと判断すべきかというと、そうとは限りません。この二つは似て非なるものです。食べたことがあるかもしれませんが、ズッキーニのパウンドケーキは、ズッキーニの味とはまるで異なります。デザートにピッタリですよ。

正しいと証明されていることと、正しいと思い込んでいるにすぎない(どんなに本当らしく見えても)こととを区別し、論理的に思考する(水平思考ともいいます)というのは、数学だけでなく、人生のいろいろな場面で重要な能力なのです。常識にとらわれずにこの能力を高める「水平思考パズル」に挑戦してみましょう。

問題：カゴの中にちょうど五つのイチゴが入っています。五人がそのイチゴを一つずつもらいました。するとカゴの中にはイチゴ一つだけありました。なぜでしょうか？

(あなたが自分でこの謎を解きたい場合は、ここから先は読まないこと。)

答え：この問題を読んだ人の大半は、最後のイチゴをもらった人がカゴの中からイチゴを取り出し

たと思い込んだでしょう。この思い込みが私たちを真実から遠ざけているのです。最後の人は、カゴの中に一つだけ残ったイチゴをそのカゴごともらったのでした。

次はどうでしょうか？ これは昔からよく知られている問題です。

問題：ある男の人とその息子が自動車事故に巻き込まれ、父親は事故現場で亡くなってしまいました。重傷を負った息子は病院に運ばれ、手術を受けることになりました。ところがその外科医は、「自分には手術できません。彼は私の息子なのです。」と言ったのです。こんなことが起こりうるのでしょうか？

（ヒント：宗教的な意味での親子関係だとか養子を持ち出す必要はありません。どうしてもわからない人は 29 ページ参照。あなたはある思い込みにとらわれていたことに気づくのではありませんか？）

お次はどうでしょう？

問題：子犬が 20 階建てのビルから落ちてしまいました。でも助かったのです。なぜでしょうか？

（ヒント：もちろん普通の高さの 20 階建てのビル

で、子犬も空を飛べない普通の子犬で、パラシュートはつけていません。子犬が着陸したところもまったく関係なく、運がよかったというのが答えでもありません。）少なくとも 30 秒は自分で考えて見ましょう。

答え：その子犬は 20 階建てのビルの 1 階の窓から落ちたのでした。

私たちの心の中にあるイメージが、問題文に書かれていないはずの情報をたくさん使って描かれていることがよくわかったでしょう？ 私たちは、イチゴ、外科医、20 階建てのビルと聞いただけで勝手な思い込みをしてしまい、それに基づいて描いたイメージのために、実際には問題文に書かれていない条件を読んでしまうのです。このことは、数学の宿題、特に文章題を解くときにもやってしまいがちです。

水平思考パズルには、他にも次のような絵解きのようなパズルもあります。

問題：$\dfrac{\text{man（男）}}{\text{board（板）}}$

答え："man overboard
　　　（人が船から落ちたぞ）"

問題：|r|e|a|d|i|n|g|

答え："reading between the lines
（行間を読む）"

では、これはわかる？： $\dfrac{\text{stand}}{i}$

答え："I understand.（わかりました。）"

このようなパズルを解くときも、文字列を見たとおりに理解することが大切ですね。

このようなパズルに興味のある人はインターネットや本で探して見るとよいでしょう。

自分の思い込みや偏見に気づけば、パズル、数学、そして人生の難問を解く力がより高くなることでしょう。

？？？？？？？？？？？？？？？？？

不等式の解法

　魅力が強すぎるですって？　ずいぶんばかげたことを言っていると思ったかもしれませんね。「魅力的であればあるほどいい」に決まってますからね。

　それでは、魅力の強さを1から10までの数で表すとしましょう。レベル1はハロウィンでかぶるお化けのマスク。レベル10はあなたが一番魅力的と思うイケメン俳優や女優、アイドルの誰かさんだとするのです。あなたが恋人にしてもいいな、と思うのはどのぐらいですか？　魅力の強さに変数 c とラベルを付けるとすると、c は7.5以上の人がいいでしょうか？　そしてこの魅力の強さは10を超えてもよいとします。なにしろ「魅力的であればあるほどいい」のですから、7.5以上であればどんなに大きい数でもいいですね。

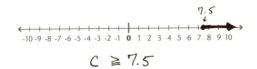

$$c \geqq 7.5$$

　上の図の太線で示されているのは半直線です。（半直線

とは直線の一部で、一方に端点があり、他方はどこまでも伸びる線です。ここではどこまでも伸びることを矢印で示しました。)この半直線を見ると、11.5、163、百万やそれよりも大きい数も含まれていることがわかります。

そんなに魅力の強いお方と付き合ってみたいですか？ウーム。少し考え直してみましょう。それだけ魅力的な人は、たぶん、しょっちゅう鏡を見て髪の毛を直さずにはいられないタイプかもしれません。たえず自分の魅力をアピールしてはさりげなさを装っているけれど、これってわざとですよね？（もっともこれは、他人からどう見えるかで自分の価値が決まると教わってきたからなのかもしれません。意識しなくてもそういうふるまいが自然になったのでしょう。）

それに、私の経験からは、つきあっているうちに相手を知るほど、その人の魅力も増していくものなのです。うわべだけを気にする人たちに恋人をとられたりしないためにも、ここは少し賢くなって、c の値を 5 以上 8.75 以下に抑えておきましょう。

$$5 \leq c \leq 8.75$$

これで、よし。話を続けて、今度は恋人の身長はどのぐらいがいいですか？ 恋人の身長とあなたの身長の差を h（インチ、1インチ＝約2.5センチメートル）で表し

ます。この値が 0 ということは、二人の身長がまったく同じということを意味します。3 ならば相手が 3 インチ背が高いことを、−3 ならば相手が 3 インチ低いということを表します。あなたは h のどんな値が理想ですか？（あまり差があると、キスをするときに不便なこともあることに気をつけましょう。）

次の図で示されるぐらいなら、どう？

$$2 \leq h \leq 9$$

（ハイヒールを履いていればこれくらい差があっても大丈夫。）

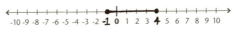

$$-1 \leq h \leq 4$$

（キスに最適。背の低い男子もかわいいし、今後伸びるかも。）

恋人が自分より背が高くないといけないと譲らない人もいます。高くさえあれば、どれだけ身長差があるかは気にしないとすると、h は 0 より大きいすべての数でもいいことになります。ところで、"すべての数" とはすべての有理数、無理数を含みます。（**有理数と無理数の定義は、未知数に親しむ篇付録 1 参照。**）

そうです。0.000001 インチ、$\sqrt{2}$ インチ、$\frac{100}{3}$ インチ、π インチも含まれるのです。（$h = \pi$ とは、恋人があなたより約 3.14 インチ背が高いということです。）

この、"0 より大きいすべての数"（0 は除かれる）を図に

表すときには、0のところに内側を塗りつぶさない白丸を書き、そこから右に向かって太線を描けばいいのです。

```
<-+--+--+--+--+--+--+--+--+--+--○══════►
 -10 -9 -8 -7 -6 -5 -4 -3 -2 -1  0  1  2  3  4  5  6  7  8  9 10
```

$$h > 0$$

図に描いた太線が長いほど、あなたの恋人の選択の幅が広まることになります。(数学の問題の中には、答えがある範囲にわたる場合があります。これは不等式の問題で、後で解き方を学びます。)

この不等式の例ははるかに重要なことにも使えます。それは、思いやり、思考力、誠実さなどです。

もちろん、恋人があなたを大切に思う心の大きさ r を 1 から 10 で表すと、

```
<-+--+--+--+--+--+--+--+--+--+--+--+--+--+--+--+--+--+--+--●-►
 -10 -9 -8 -7 -6 -5 -4 -3 -2 -1  0  1  2  3  4  5  6  7  8  9 10
```

$$r = 10$$

$r = 10$。このたった一つの値 10 だけが私たちを満足させる値です。(絶対に譲れません!)

不等式を図で表す

不等式 $x < 5$ は数学の文で、その意味は、"x は 5 より小さい" です。このとき、x が表す数は無限にあるということを強調しておきます。5 より小さいすべての数がこの不等式を満たします。4.9、0、-6.314 などはどれも、この不等式を満たします。この不等式を図で表すと、端点が $x = 5$ にあり、負の方向に無限に伸びた半直

線になるのです。

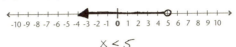

$x = 5$ は解に含まれないので、端点の丸を白丸とすることに気をつけてください。不等号＜の意味は、5より小さいが5は含まないからです。白丸でなく、塗りつぶした黒丸にするのは、記号 ≧（以上）、≦（以下）のときだけです。端点が黒丸なのはその点も含まれるという意味になります。簡単でしょう？

ここがポイント！　不等式では、変数 x を左辺に書いても右辺に書いてもかまいません。$1 < x$ と $x > 1$ は同じことを意味します。図に表しても同じものになります。（私は不等号を見て、ワニが大きな口をあけて"より大きなもの"を食べようとしているところだと想像するのが好きです。）x が左辺にあるほうがわかりやすいかもしれませんが、数学語ではまったく同じ意味なのです。「1 は x より小さい」と、「x は 1 より大きい」は同じことだからです。右辺に変数があるときは、不等式を声に出して読むことをおすすめします。そうすることによって、よりはっきりと意味を理解することができるようになるからです。

不等式については3ページをご覧いただき、しっかり

復習を済ませておくことをおすすめします。

 練習問題

不等式を図で表しなさい。最初の問題は私が解きましょう。

1. $-4 < y \leq 5$

解：

端点 -4 が白丸なのは、不等号 $<$ が -4 を含まないことを示しているからです。一方、端点 5 は黒丸を使っています。この図には両端があり、どちらの方向にも無限に伸びていませんが、それでもこの集合には数が無限に含まれているのです。(実は、線分 0 と 1 の間に、無限個の値が含まれているのです。詳しくは付録 2 参照。)

2. $6 > w$
3. $-9 \geq x$
4. $2 < n < 3$

不等式の解法

91 ページで、恋人の魅力や身長について図で表しました。どの場合も、私たちの好みを満たす数は一つとは限らず、たくさん考えられました。「不等式を解く」ために、まず、数学では答えが一つの値に決まらない問題も

あるのだということを知っておきましょう。

$2x - 7 = 1$ を解くときには、この等式が真となる x は一つだけ、$x = 4$ です。図に表すのは簡単です。

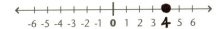

方程式ではこのように答えが定まりました。それでは、不等式 $2x + 1 \geqq 7$ を解く場合はどうでしょう？ この数学語を日常語に訳すと「x を 2 倍して、それに 1 を加えた値は 7 以上である。」この文が正しくなるのは x がどんな値のときでしょうか？

実は、この解き方は方程式で学んだやり方とまったく同じなのです。x を左辺に集めることを目標に、両辺に同じ演算を施すのです。

$$2x + 1 \geqq 7$$
$$\rightarrow 2x + 1 - 1 \geqq 7 - 1$$
$$\rightarrow 2x \geqq 6$$
$$\rightarrow \frac{2x}{2} \geqq \frac{6}{2}$$
$$\rightarrow x \geqq 3$$

記号 $\geqq$ ですから、端点 $(x = 3)$ も答えに含まれていることに注意しましょう。だから黒丸が使われています。ここまでで、何が求められたのでしょうか？ 最初の不等式を満たすすべての数の集まりである**解集合**を求めるこ

とができたのです。$2x+1 \geqq 7$ という不等式を満たすすべての x の値を、$x \geqq 3$ と表すことができたのです。そして、図から気がつくことは、その不等式を満たす数は無限にあるということなのです。

この言葉の意味は？・・・解集合

解集合とは、ある命題を真とするすべての数の集まりのことです。たとえば $x+1=3$ を満たす解集合は、たった一つ $x=2$ だけです。

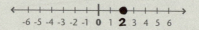

不等式 $x+1>3$ を満たす解集合は、2 より大きなすべての数、つまり、$x>2$ と表すことができます。

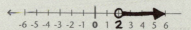

解集合の厳密な定義は、この本よりも進んだ数学で学びます。ここでは不等式を満たす数の集まりと理解していれば十分です。

ここがポイント！　未知数に親しむ篇第3章で、私たちは、-1 を掛けたり、-1 で割ったりすると、まったく反対のものが得られるということを学びました。まるで、鏡に映して

いるような現象と思うことができました。それは、もう一つ別の鏡で写してみると、反対の反対で、元の形が得られるからです。たとえば、$(-1)(-1)5 = 5$ という具合にです。もうすぐ、あなたは、なぜこれを今持ち出したか、わかることになるでしょう。

不等式で負の数を掛けたり割ったりする

これは、おそらく不等式を解く上でもっとも重要な(そして、もっとも不思議な)法則です。

> **不等号の鏡の法則**
> 不等式の両辺に負の数を掛けたり、負の数で割ったりすると、不等号の向きが正反対に変わる。

つまり、不等式の両辺に負の数を掛けたり、負の数で割ったりするときは、それぞれの項の符号が反対になるだけでなく、不等号の向きも反対にしなければなりません。たとえば < は > になり、≧ は ≦ になるのです。

これが不思議だと感じる人は、-1 を掛けたり割ったりするのは、鏡に映すのと同じことだと考えてみましょう。記号 > はどう映りますか？

そうです。不等式の両辺を鏡に映す(つまり、不等式の両辺に負の数を掛ける)と、不等号も鏡の影響を受けるのです。しばら

く、変数を含まない不等式を考えてみましょう。

　$-4 > -5$ が正しいことはわかりますね？（もしピンとこないようでしたら、数直線ではこの二つの数字がどこにあるか考えてみましょう。-4 は -5 よりも右側にある、ということは、より大きいというわけです。）さて、両辺に -1 を掛けます。不等号の向きを反対にしなかったら $4 > 5$ となり、これは正しくありません！

　別の例を紹介します。$-5 > -10$ は正しい不等式です。この両辺を -5 で割って、不等号の向きを逆にしなかったら $1 > 2$ となります。これも正しくありません！

　このようなことは等号では起こりませんでした。たとえば、$-x = -5$ の両辺に -1 を掛け、等号はそのままで正しい式 $x = 5$ が得られます。これはたぶん、等号＝を鏡で映しても形が変わらないからかもしれません。

　つまり、$-x < -5$ のような不等式が与えられたときには、両辺に -1 を掛けてから、不等号の向きを反対にすれば、$x > 5$ という正しい答えが得られます。

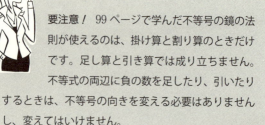

要注意！ 99 ページで学んだ不等号の鏡の法則が使えるのは、掛け算と割り算のときだけです。足し算と引き算では成り立ちません。不等式の両辺に負の数を足したり、引いたりするときは、不等号の向きを変える必要はありませんし、変えてはいけません。

鏡の法則を使った不等式の解法

新しく学んだ鏡の法則を、不等式を解くときにどのように使えばいいのか、見てみることにしましょう。$10-x \geqq 4$を解きます。この不等式をよく見ると、$x=6$のとき両辺が等しくなることに気づくでしょう。そして、xが6より小さいとき、たとえば$x=3$とすると、この不等式を満たすことが、$10-3 \geqq 4$からわかります。ここから、xは6以下である、つまり、$x \leqq 6$が解集合と予想できます。さて、実際に解いてみます。

$$10 - x \geqq 4$$
$$\to 10 -\mathbf{10} - x \geqq 4 -\mathbf{10}$$
$$\to -x \geqq -6$$

左辺がxだけになるようにするために、両辺に-1を掛けると同時に、鏡の法則を使って不等号の向きを反対にします。

$$\to -x \geqq -6$$
$$\downarrow \text{反対にする!}$$
$$\to (-1)(-x) \leqq (-1)(-6)$$
$$\to x \leqq 6$$

予想通りの答えとなりました。この解集合を満たすどんな数を代入しても正しい不等式が得られます。たとえば$x=\mathbf{0}$だと

$$10 - x \geq 4 \rightarrow 10 - (0) \geq 4 \rightarrow 10 \geq 4$$

ごらんの通りです。

ここがポイント！ 数学の宿題をするときはいつも、得られた答えがはじめの問題の条件を満たすかどうか、確認することが大切です。不等式では、まず端点を代入して確かめましょう。次に、解集合から数を一つ選び、元の不等式に代入して正しいかどうか確かめます。こうすれば、解集合を表す不等号の向きが正しいかどうか確認できます。

ステップ・バイ・ステップ

不等式の解法と、解集合の図式化

ステップ1. 方程式の解法と同様に、xだけが左辺に集まるように、両辺に同じ演算を施す。その過程で、両辺に負の数を掛けたり、両辺を負の数で割ったりした場合は、鏡の法則によって、不等号の向きを反対にすることを忘れないこと。答えは解集合全体で、そこに現れた数は端点になる。

ステップ2. 数直線上に解集合を描く。不等号が <、> であれば、端点は白丸を使う。≦ や ≧ ならば黒丸を使う。

ステップ3. 方程式の解法のときと同じように、端点の数を元の不等式に代入して答えを確かめる。計算した結果、不等式の両辺がまったく同じ値になれば、正しい端点を求めたことになります。

ステップ4. 描いた図を見て、解集合から、"簡単な"値を選び、元の不等式に代入して、不等号の向きが正しいか確かめる。代入した結果が正しければ、不等号の向きも正しかったことを意味します。

要注意！ ステップ3で端点の数を代入したとき、不等号が＜や＞であった場合、正しくない不等式（たとえば "$4 < 4$"）が得られますが、それでいいのです。これは答えが間違っていたというわけではありません。不等式の両辺が同じ値になったかどうかが大事なのです。同じ値であれば、<u>正しい端点</u>を得たということを意味します。

ここがポイント！ ステップ4で解集合から数を選ぶとき、0が解集合に含まれていれば、私はいつも0を選ぶことにしています。計算がとても簡単だからです。0が解集合に含まれていなければ、$x = 1$、$x = -1$、$x = 10$、$x = -10$な

ど、なるべく計算が簡単になる数を探しましょう。次の例で試してみましょう。

 ステップ・バイ・ステップ実践

次の不等式の解の集合を求め、それを図に表しなさい。

$$3 - 2x \leq 5$$

ステップ1. x だけを左辺に残すために、まず両辺から3を引く。

$$3 - 3 - 2x \leq 5 - 3$$
$$\rightarrow -2x \leq 2$$

次に両辺を -2 で割ることにします。そのためには、99ページの鏡の法則を使って、不等号の $\leq$ を反対にして $\geq$ としなくてはなりません。

$$\frac{-2x}{-2} \geq \frac{2}{-2}$$
$$\rightarrow x \geq -1$$

ステップ2. この不等式の解集合は $x \geq -1$ で、これを数直線上にグラフで表します。端点 $x = -1$ は黒丸で表します。$x = -1$ も解の一部に含まれるからです。

ステップ3, 4. 答えが正しく求められたかを確かめるために、端点 $x = -1$ を元の不等式に代入します。

$$3 - 2(\mathbf{-1}) \leqq 5$$
$$\to 3 + 2 \leqq 5$$
$$\to 5 \leqq 5$$

両辺が同じ数になったので、端点 $x = -1$ は正しいことがわかりました。しかし、端点が正しいからといって、解集合が正しいとは限りません。不等号の向きが間違っていないかどうか確かめます。解集合の中から数を選びます。図を見れば、-1 以上であれば何でも良いことがわかりますね。幸運なことに、$x = 0$ が解集合に含まれているので、それを元の不等式に代入すると計算が簡単です。

$$3 - 2(\mathbf{0}) \overset{?}{\leqq} 5$$
$$\to 3 \leqq 5 \checkmark$$

正しい不等式が得られたので、正しい解集合であったことがわかりました！

答え：$x \geqq -1$

 テイク ツー！ 別の例でためしてみよう！

次の不等式を解き、解集合を数直線上に示しなさい。

$$-7 - x < -12$$

ステップ 1. x だけを左辺に残すために、両辺に同じ演算を施しましょう。その前に、負の符号が多すぎますね。両辺に -1 を掛けてみましょう。鏡の法則により、不等号の向きを反対にすることを忘れずに！

$$-7 - x < -12$$
$$\downarrow \text{反対にする！}$$
$$\rightarrow (-1)(-7-x) > (-1)(-12)$$
$$\rightarrow 7 + x > 12$$

ずっとわかりやすくなりました。両辺から 7 を引いて、$x > 5$ が得られます。

ステップ 2. 解集合を図に表します。端点 $x = 5$ は白丸で表します。解集合に含まれないからです。

ステップ 3. 端点が正しいか確認するために、元の式の x に 5 を代入します。$-7-(5) < -12 \rightarrow -12 < -12$。この不等式は明らかに正しくありません。なぜなら、< はより小さいことを意味し、等しい場合は排除されるからです。しかし、端点が正しく求められたかだけを確認したかったので、不等式が正しくなくてもかまわないのです。両辺の値が同じになったことが重要で、端点は正解でした。

ステップ 4. 解集合が正しいことを確かめるために、$x > 5$ を満たし、しかも、$-7 - x < -12$ に代入したと

14 不等式の解法

きに計算が簡単な値は何でしょう？ そうです、5 より大きい数ならばよいのです。残念ながら、ここでは、私のお気に入りの 0 は使えません。10 を使ってみましょう。すると、$-7-(\mathbf{10}) < -12 \rightarrow -17 < -12$ と正しい不等式が得られました。

以上、正しい解集合が求められました。

答え：$x > 5$

練習問題

不等式を解き、その解集合を数直線上に示しなさい。最初の問題は私が解きましょう。

1. $-3(x-9) > 6$

解：x だけを左辺に残すために、まず両辺を -3 で割ってみましょう。このとき不等号の向きを反対にすることを忘れずに。$\dfrac{-3(x-9)}{-3} < \dfrac{6}{-3}$。左辺では -3 どうしが約分され、右辺も $\dfrac{6}{-3} = (-1)\left(\dfrac{6}{3}\right) = -2$ と、簡単になります。（負の分数の約分については、未知数に親しむ篇第 3 章を参照のこと。）その結果、$(x-9) < -2$ となります。カッコはもう必要ないのではずし、両辺に 9 を加えます。$x - 9 + 9 < -2 + 9 \rightarrow \boldsymbol{x < 7}$ となり、これが解集合です。端点が正しく求められたかどうかを確かめるため、$x = 7$ を元の不等式に代入します。$-3(\mathbf{7}-9) > 6 \rightarrow -3(-2) >$

6 → 6 > 6。両辺が同じなので、端点が正しいとわかります。次に、解集合 $x < 7$ に 0 が含まれる（0 は、7 より小さい）ので、元の不等式に $x = 0$ を代入します。$-3(0 - 9) > 6$ → $27 > 6$。解集合も正解のようです。

答え：$x < 7$

2. $8 + x < 16$
3. $8 - x < 16$
4. $-3x - 1 \geqq 5$
5. $2x - 1 > x + 3$（ヒント：両辺から x を引く。）

不等式の両辺に負の数を掛けたり割ったりしたとき、鏡の法則が成り立つのはなぜでしょうか？ 実は、鏡の法則は、両辺に同じ数を足すのと同じことをしているのです。鏡の法則を使うかわりに、足し算を使って同じ結果が得られるのです。
$-x \geqq -6$ を例に説明します。（自分で試してみましょう。）

両辺に同じ数を足す方法：	鏡の法則を使う方法：
$-x \geqq -6$	$-x \geqq -6$
→ $-x + 6 \geqq -6 + 6$ （両辺に 6 を足す）	（両辺に (-1) を掛け、不等号を反対にした。）
→ $-x + 6 \geqq 0$	
→ $-x + x + 6 \geqq 0 + x$ （両辺に x を足す。）	→ $(-1)(-x) \leqq (-1)(-6)$
→ $6 \geqq x$	→ $x \leqq 6$

そして、$6 \geqq x$ と $x \leqq 6$ とはまったく同じ意味の式です。

なぞが解けましたか?

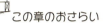この章のおさらい

不等式の両辺に負の数を掛けたり割ったりするときには、「鏡の法則」を使って、不等号の向きを反対にする必要があります。

「鏡の法則」以外は、不等式と方程式の解法はまったく同じです。両辺に同じ演算を施し、xだけを左辺に集めます。すると、その不等式の解集合が現れます。

不等式の解集合が数直線上の半直線で表されることがあります。それは、その不等式を満たすxの値が無限に存在することを表しています。

解集合を図に表すときは、不等号の種類によって端点の表現が異なることに注意します。<、>が使われているときは白丸、≦、≧が使われているときは黒丸を使うこと。

宿題をあとまわしにした恐怖の体験談

あなたは、しなければならないことをあとまわしにして、後悔した経験はありますか? あなたは、過去の体験から悪い習慣を直そうとしていますか? 次の体験談を読んでみましょ

う。そう思っているのはあなただけではないようです。

「先週のこと、私は宿題をしないで、ネットで長時間、友人と会話を楽しんでいました。時間が遅くなっていることには気づいていましたが、パソコンの前から離れたくなかったのです。おしまいにしたときには、もう夜の8時を過ぎていました。家の手伝いも食事もしなければなりません。宿題をする時間はありませんでした。宿題を済ませないうちはネットを始めてはいけない、ということを学びました。」デイジー(13歳)

「高校二年生のとき、アメリカの歴史について大量のレポートを学期末までに提出しなければなりませんでした。私は何週間も手をつけないままでした。とうとう母がテーマを絞り、参考文献を探してくれましたが、それでもやり始めなかったのです。締め切り前日の日曜日の夜、私は気分が悪くなりました。レポートを仕上げることはとてもできないと思ったからです。いままで締め切りに遅れるなんて一度もなかったのに。それでも、午前3時になんとか完成しました。ところが、印刷しようとしたら、パソコンが動かなくなってしまったのです。私はパニックになりましたが、どうすることもできません。どうしてパソコンは締め切り間際になると故障するのでしょう？ 朝になってもまだパソコンは動きませんでした。宿題を持たずに学校に行かなければなりません。苦い教訓になりました。」セーラ(17歳)

「学期末までのレポートの課題が発表されました。私は締め切りの何週間も前からそのことを意識していましたが、いつものように手を付けるのを先延ばしにしていました。残り二日になってようやく私は図書館にでかけましたが、たくさんの良い文献はすでに貸し出されていることがわかりました。次の日の晩までに50枚を書き上げねばなりません。それには10冊もの文献から引用しなくてはなりませんでした。深夜2時まで起きてがんばりましたが、それでも終わりません。この体験は身に染みましたが、すっかり懲りたとは言えません。

何日もかかるような宿題は気をつけるようになりましたが、小さな宿題はいまだに先延ばしにしてしまいます。自分でもどうしてかわかりませんが、何とかしなくてはと思います。」
エイミー(16歳)

「意外なことに、私は三角関数の授業が好きになりました。素晴らしい先生なのです。ただ先生は宿題を学期の最後まで集めないのです。だから私は毎日宿題をすることをやめてしまいました。翌日や週末にまとめてやろうとするのですが、そのたびに、ホッケーやバスケットボールの試合があって、宿題は後回しになってしまうのでした。とうとう学期末が近づき、たまった宿題の量に気づいて慌てています。これからは締め切りがいつだろうと宿題は出されたときに済ませようと思っています。」ステイシー(17歳)

「"心配しないで、お母さん。日曜日にやるから。" いつも母にはこう返事していました。宿題も大学見学も、奨学金に応募するための作文でさえそんな感じでした。締め切りが近づいてくると、殴り書きして完成させていました。大慌てで書き上げたのが見え見えの作文で奨学金がもらえる可能性はゼロに近いでしょう。先延ばしは悪い習慣です。今していることが楽しくても、大事なことを第一にやるべきでしょう。楽しむことはあとでもできるのですから。やるべきことができれば、ストレスもなくなり、この上ない達成感で幸せな気分になるでしょう。」ネイサン(17歳)

「初めての期末レポートはとても難しく先延ばしを続けていたために、締め切りの直前には、毎晩遅くまで起きて書き続けなければなりませんでした。提出日は旅行先だったので車で登校したのですが、参考文献を追加するなど手直しの作業がまだ残っていました。幸いにも私を送ってくれたエミリーがノートパソコンを持っていたので、6時間のドライブ中にそれを使わせてもらおうと考えていたのです。ところがバッテリーがなかったのです！ 結局、提出が遅れ、成績はCど

まりでした。10ページ足らずのレポートといえども一週間では間に合わないことを学びました。レポートが書けるという環境や時間が常にあると期待してはいけません。予定から遅れているからといって、だれかが助けてくれることも期待してはいけないことが身に染みました。」メアリー(16歳)

「授業で発表するテーマ選びを先延ばしにし、ようやく三日前になって"錯覚"について発表しようと決めました。それから三日間、毎晩遅くまでがんばりました。クラスの皆にわかりやすいようにと、ポスターまで用意したのです。自分ではよくできたと思ったのですが、成績は最悪でした。三日間で発表の準備ができるということこそ錯覚だったのだとわかりました。」エイドリアン(12歳)

「一年前、私は初めての大きな研究課題に一生懸命がんばり、良い成績を得ました。次の学期の新しい課題では、前回の良い成績でいい気になり、とりかかるのを先延ばしにしたのです。もう時間がない、と気がついてからも熱心に取り組むことはしませんでした。提出するときには、出来が良くないことは自覚していましたし、どんなに悪い成績になるかとストレスを感じるほどで、実際、覚悟したとおりとても悪い成績でした。今年の課題では、毎日少しずつ取り組むことを決意したのです。そのとおり実行したおかげで、良い成績をもらうことができました。いつもやったとおりの結果になって笑えるほどです。」ジェシカ(18歳)

男子に聞きました！

13歳から18歳までの男子200人以上に無記名でアンケート調査をしました。

スポーツで女子があなたより優れていたら恥ずかしい？

男子の答え:

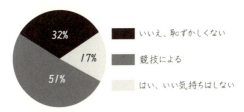

半数以上の男子がスポーツの種類によると答える程度には柔軟に考えているようです。つまり、女子が器械体操やテニスで男子を負かすことはありうるけれど、レスリングやラグビーで負けてしまうのはちょっと困ると思っているようです。

男子のうち、ほぼ三分の一（$\frac{1}{3}=33.3\%$ ですね）がどんなスポーツであっても恥ずかしくないと答えています。これは驚くべき数字だと思います。こう答えた男子はラグビーのことなどは思い浮かべなかったのかもしれません。

最後に、17％（およそ五分の一。$\frac{1}{5}=20\%$）の男子が、スポーツの種類によらず、そんな女子がいたら気分がよくないと答えています。

現実的に考えてみましょう。たいていの男子は女子の多くよりも筋肉が発達しています。高校生から大人になると特にそうです。

だから、男子は筋肉の強さが重要なスポーツで負けたくないのでしょう。でも、スピードや柔軟性や身のこなしも

筋肉の強さと同じように大切であることを思い出してください。ですから、隠したりせず、あなたの能力を十分に披露することにしましょう。

試験で女子があなたより優れていたら恥ずかしい？

男子の答え：

これは、結果を文字通り理解できます。男子はスポーツでは競争心を燃やすようですが、試験で女子に負けるのは、あっさり受け入れられるようです。

女子の中には、試験の成績が悪かったふりをして、男子のプライドを傷つけないようにする人を見かけます。しかし、この調査によると、男子は女子が思うほど気にしていないようです。女子が自分の成績を悪く言うのは、長い目でみると、自分自身を傷つけ、他人からも尊重されなくなるだけだということに気づきましょう。もちろん、男子だろうと女子だろうと成績をひけらかす人は嫌われます。だから、あなたの賢いところを隠さないことは大事ですが、満点の答案を見せびらかすようなことは控えましょう。

ウーム。それには絶妙なバランス感覚を身につける必要がありますね。そのバランス感覚は、学生生活だけでなく将来も役立つでしょう。

男子へのアンケートは未知数に親しむ篇 111 ページも参照。

心理テスト 2：あなたの友は良き友?

あなたの友人は、あなたが本当に興味のあることに関心を持ってくれますか？ どんなタイプの友人とあなたは付き合っていますか？

心理学者のロビン・ランドー博士がアン・ローニーさんの協力により作成した心理テストでどんな診断が下るか見てみましょう。

1. あなたはお泊り会で友人と夜通しおしゃべりして、やがて心配事や夢など真剣な話題に移りました。あなたが将来のこと、大学生や大人になったら何をしたいかということを話しはじめたとすると、友人の反応は次のどれであると予想されますか？

a. 友人はあなたの言うことを聞いてはいるようだが、ピンとこない様子。たぶん、中学や高校卒業後のことは、まだあまり考えたことがなさそう。しかし、少なくとも話に耳を傾けてくれる。

b. 友人は、将来についてあなたと同じ悩みを抱えていることに気づいてホッとした様子。あなたも友人も楽し

い将来を思い描いているが、数年後には進路を決断しなければならないこともわかっている。

c. 友人は、あなたにそんな遠い将来のことを心配するのは早すぎると忠告します。この楽しいひとときに、学校の勉強のような面倒な話題を持ち出すのはどうかしていると言わんばかり。

2. あなたは、最近、数学の授業の内容が以前にもまして難しくなってきました。正直なところ、話をほとんど理解できず、まったく頭に入らない状態です。あなたのすぐ後ろの席の子は勉強ができます。その子はわからない人には喜んで数学を教えてくれます。問題は、その子とは友だちづきあいがないことです。あまり話したことさえありません。そこで、あなたは？

a. 率直に難しい問題を質問してみます。そして、教えてもらったことは、同じように困っていたあなたの友人にも伝えます。もしかすると、あなたはその子と友人になるかもしれません。

b. あなたはその生徒を避ける。なぜなら、あなたの友人たちはその子をがり勉で学校の成績だけを気にしていると見なしているから。その子と話しているところを見られただけでからかわれるに決まっているので、そんな危険を冒したくない。

c. 迷う。あなたの友人たちは、あなたがグループ外に新しい友人を作ろうとしていることにいい気持ちはしないかもしれない。それとも、あなたが数学で困っていることを理解してくれるだろうか？ そこで、あなたは

まず自分でもう一度考えてみたり、先生に質問したりするなど別の方法をすべて試すことにし、それでもわからなければその子に助けを求めようと思う。

3. あなたは生物の宿題が山ほどあることで友人たちに愚痴をこぼしていました。調べようとしているハエの情報がネットで膨大に見つかりうんざりです。友人たちからは宿題に関係のないメッセージが届きます。そこであなたは友人たちに、宿題に集中するのでしばらくメッセージはできないと伝えたとしたら、どんな返事がくるでしょうか？

a.「もっとのんびりしたほうがいいんじゃない？ しかたない、それじゃ。」

b.「わかった。またあとで。」

c.「いったい何の話？ 全員そろっているし、宿題より大事な話があるんだけど…」

4. あなたは理科のテストでとてもいい点がとれたことを本当にうれしく思っています。ばっちりの結果だったのです。あなたの友人がテストの点数を尋ねたとき、あなたは？

a. まるで、そのテストで大失敗したかのように振る舞う。学校の成績を大事に思わない友人の気分を損ねないようにします。

b. 自信たっぷりに満点だったよ、と話します。あなたは週末ずっと勉強したのだし、努力が報われただけなのだから。

c. まぁまぁの結果だと話す。あなたは、友人から偉そうにしていると思われたくないので。

5. あなたの友人たちの先生に対する態度はどうですか？

a. 友人たちは授業中おしゃべりをしたり、先生が背を向けたときにメモを回したりしています。あなたはそれに参加していないのに、そのおかげで先生にしかられてしまうこともあります。でも友人には何も言えない。

b. 先生は、友人たちからは敵のように見なされているものの、授業中はそれを表に出すことはありません。授業が終わったあと、あなたは、友人たちが「歴史の先生の汗じみたシャツはサイテー」などと言っていることに同意します。

c. もちろん、先生たちの中には密かに耐え難いと思っている先生もいるけれど、あなたの友人たちは、先生の頭の良さや忍耐力について尊敬を込めて話すこともあります。

6. 歴史のテストが近づいてきました。あなたは一人だと心細いので、友人たちにいっしょに勉強しようと持ちかけてみました。すると、どういう反応がありますか？

a. 一人か二人くらいは一緒に勉強してくれるが、他の多くは興味がないようだ。

b. 友人たちは、あなたがテストや宿題のことをなぜ重要に考えるのか理解できない。学校の成績のことでストレスを感じるよりは、いっしょにぶらぶらして、のんびりするほうがいいのでは？

c. 友人たち全員が賛成。難しいことは皆で立ち向かったほうがいい。お互いに助け合えるし、励ましあうことができるから。

7. 親は過保護ですが、ときには親の言うことが正しいと認めざるを得ません。問題が起こる前に感づいたり、困っているときには本当に役に立つ助言をくれたりします。それでは、あなたの友人関係についてあなたの両親はどう考えていますか？

a. 両親はいつも、あなたの友人はいい人ばかりと言います。両親はあなたの友人たちのことをよく知っていて、さらに理解しようとします。両親は友人たちのことを尊重し、あなたにいい影響を与えていると考えています。とてもいい雰囲気です。

b. 両親はあなたの友人のことをあまりよく知らないし、あなたも友人のことをあまり詳しく両親に話したくありません。両親は、友人のことを気に入らず、友達づきあいを認めてくれないのではないかと心配です。友人の服装、見た目、話し方や態度を受け入れないように思います。

c. 両親は、友人たちがあなたにいい影響を及ぼさないと言ったことがあります。いつも両親は、今の友人たちとの付き合いはやめて、新しく友人を作ったほうがいいと助言します。

8. 今日はあなたのオーケストラ部のコンサートの日です。数ヶ月の練習の成果を発揮するときが来たことでワクワクしています。あなたの家族は見に来てくれるはずです。あなたの友人たちも同じように応援してくれますか？

a. あなたが友人たちを招待したときの返事は「行けたらね。」といった感じ。来るか来ないかの可能性は半分半

分かな?

b. もちろん! 友人たちは音楽があなたにとってどんなに大事なものか、どんなふうにあなたがコンサートに向けて頑張ってきたか理解してくれています。開演と同時に、あなたは友人たちの笑顔に迎えられます。

c. 応援してくれるという感じではありません。あなたが自分の音楽活動について話したとき、友人たちは興味を示しませんでした。友人ではあるけれど、あなたは自分の音楽のことを話題にしたりしない。音楽と友人は、あなたの人生の中でまったく重なりません。

9. 毎年、あなたのスペイン語の先生は、クラスの中から一人か二人もっとも良くできる生徒を選んで、スペイン語の検定試験を受けさせることにしています。その先生が、今年はあなたを選びました。クラスの中でトップの成績だと言うのです。先生はその試験に受かるには授業以外に補習が必要で、試験時間は4時間もあることをあなたに伝え、本気でやりなさいと助言しました。あなたは選ばれたことを名誉に思い、受験することにしました。あなたがそのことを友人たちに報告したとき、次のどれに近い反応が返ってきますか?

a.「学校の成績に関係ない試験のために、なぜそんなに勉強したいの? あなたは学校のことばかり考えているのに、さらに、勉強を増やすなんてどうかしている。」

b.「選ばれるなんて素晴らしい! すごいんだね! 絶対に合格してね。終業式のとき、名前が呼ばれるんじゃない!」

c.「選ばれるのは素晴らしいけど、スペイン語をもっと勉強したいって本気なの？」

10. あなたにはじめての恋人ができました。一緒にいる時間は楽しく過ぎていきます。しかし、そんなことを二週間も続けていると、学校の勉強がおろそかになりました。勉強との両立を考えなければなりませんが、勉強面でずいぶん遅れてしまいました。あなたが恋人に、この週末は勉強しなければならないので会えないと言ったら、どんな反応がありますか？

a. 事情をわかってくれましたが、週末中あなたが勉強しなければならないことは理解できません。少なくとも一度くらいは会って映画でも見たいと言います。

b. ショックを受けたようでしたが、完全に理解してくれます。実は恋人のほうも勉強が遅れ気味。あなたが真面目なことに感心してくれます。

c. あなたの言ったことにショックを受け、もう自分といっしょにいたくないのだと解釈しました。あなたはお付き合いを続けたいのに。独占願望の強い人だとわかりました。

採点表

1. a=2; b=1; c=3
2. a=1; b=3; c=2
3. a=2; b=1; c=3
4. a=3; b=1; c=2
5. a=3; b=2; c=1
6. a=2; b=3; c=1
7. a=1; b=2; c=3
8. a=2; b=1; c=3
9. a=3; b=1; c=2
10. a=2; b=1; c=3

10〜14 点：あなたの友人たちとの良い関係を続けましょう。あなたが友人として選ぶのは、あなたのことを気にかけ、あなたを応援し、あなたのために手伝えることがあったら喜んでしてくれるだろうという人たちです。学校のこともしっかりやろうとし、いっしょにいて楽しい人たちです。このような友人に囲まれたあなたは自分自身をもっと好きになれます。真の友人は、あなたに悩みがあるときにどう接したらいいかわかってくれます。あなたの悩みに耳を傾け、元気づけ、ときにはほうっておいてくれ、何か悪いことが起こっても、あなたはその一日をいい気分で終えることができるのです。

あなたも彼らにとっての良い友人であるように心がけましょう。助けが必要なときに、どう助けを求めていいか見当がつかない人もいます。そういう人たちには、あなたから声をかけてみることが有効です。あなたが良い友人たちに囲まれていると、人生ははるかに良いものになるだろうし、お互いに励ましあうことで、あなたの可能性を最大限に発揮することができるでしょう。

15〜24 点：あなたの選んだ友人たちは、ときどきは、注意がよそに向くこともありますが、たいていはあなたのためになってくれるでしょう。あなたはいろいろなタイプの友人を選んでいるようで、それ自体はとても素晴らしいことです。あなたは、勉強をいっしょにしてくれる友人もいるし、秘密を打ち明けられる友人や、いっしょにいて楽しい友人もいます。いろいろな友人がいれば、いろいろな場面で役に立ってくれます。もちろん、そのバランスをとるのはあなた次第です。

どの友人があなたの真の友人であるかに注意すること。本当の友人なら、あなたの話をよく聞いてくれ、あなたの味方で、あなたの幸せや成功に対しての応援団になってくれるはずです。いいときも悪いときもいっしょにいられることが大切です。ネットワークの広い人や人気のある人をみつけるのは簡単ですが、何を大切にするかあなたと同じ優先順位を持つことができる真の友人を探すのはとても難しいことです。

そして、あなたの得点は他の二つの得点の中間なので、他の二つも読んでみることをおすすめします。あなたは、その両方から何か学ぶものがあるはずです。

25〜30点：ウーム。あなたが友人たちといっしょにいるときには、あなたの心の声に耳を傾けましょう。自分にいい影響を及ぼし、気分を良くしてくれる人もいれば、反対に、悪い影響を及ぼし、エネルギーを奪う人もいます。

あなたが成功したとき、本当に喜んでくれる人たちは誰でしょう？ あなたが一人でいたいときや、勉強しなければならないときに、理解を示してくれるのは誰ですか？ こういう人たちのことをもっとよく知るようにしましょう。あなたの買い物に付き合ってくれる友人が良い勉強仲間ということもありうるのです。試してみなければ、わからないことです。

それに対して、あなたの時間を拘束し、あなたの忠誠心をいつも要求するのは誰でしょう？ これは独占願望の現れかもしれません。注意していれば、わかるはずです。

そのような友人と絶交しなければならないわけではありません。あなたは、学校生活では、その友人たちとも時間をともにすることができます。しかし、あなたの人生をともに過

ごす友人として誰を選ぶかが大事なのです。私たちは周囲にいる人たちに影響され染まっていくものなのだ、ということは真理だからです。

　あなたが現在の友人関係に完全に満足していないのであれば、新しい友人をみつけることも考えにいれましょう。それは、難しいことではありません。何にでも、参加してみることです。趣味でもボランティアでもあなたの興味を分かち合うことができる人々と出会うことは難しくはありません。いつ新しい友人が現れるか、その友人が何を与えてくれるのかは誰にもわかりません。あなたを応援したり、励ましたりしてくれる人たちとの友人関係を大事にしましょう。まず、あなたが良い友人になれるように努力しましょう。あなたが良い友人であれば、良き友人になりうる人たちをあなたが惹きつけることができるからです。

累乗への招待

あなたは自分が会社の重役になっているところを想像したことがありますか？ 高層ビルの最上階にオフィスがあり、あなたにコーヒーが運ばれてくるといった場面を思い浮かべましょう。あなたは実力者なので、大きな計画もなんなく実現してしまいます。たとえば、あなたが社員全員が出席する会議やパーティを開きたいと思ったとします。あなたがすることといえば、誰かに電話してその準備をしてくれるよう頼めばいいだけなのです。

あなたは自分のオフィスに入ると、有名なデザイナーの作った書類カバンを横に放り出します。ピカピカに磨かれたマホガニー製の机の上に足（ブランド物の靴を履いている）を載せ、秘書に電話します。

秘書（魅力的な声で）：「おはようございます。何か御用でしょうか？」

あなた：「ああ、ブレット君。金曜の午後、ちょっと大掛かりなパーティをこのオフィスで開きたいと思ってい

る。手配をしてくれるかな？ キャビアやシャンパンもよろしく頼む。社員全員を招待してくれ。最近、みんなよく働いてくれるので、ねぎらいのためにね。」

すると、あなたが何もしなくても魔法のように、金曜日のパーティが実現し、あなたの大好きなシャンパンとキャビアも上等なものです。数学では、累乗(パワー)がこのような実力(パワー)の持ち主かもしれません。何のことか次に説明しましょう。

累乗

累乗とはいったいどんなものでしょう？ このように表せます。

$$4^3 \leftarrow 指数$$
$$\uparrow$$
$$底$$

ここで、4 は、底(base)と呼ばれます。底(ベース)は、銅像の台座のように、上にあるものを支えているものと考えれば忘れないでしょう。底の上に小さく書かれた数は指数と呼ばれます。指数こそ、ビルの最上階にいるあなたの発する指令で影響力が強いのです。その理由は、累乗が乗法の省略形だからです。

たとえば、$4 \times 4 \times 4$ を表すとき、そのように掛け算を全部書いてもかまいませんが、4^3 と短く書くこともできるのです。その二つは同じことを意味します。重役の

"累乗氏" はとても実力があるので、ひとこと「3」と言うだけで、三つの4を掛け合わせることになるのです。

$$4^3 = \underbrace{4 \times 4 \times 4}_{三つを掛け合わせる}$$

もう一つ例を挙げます。

$$2^7 = \underbrace{2 \times 2 \times 2 \times 2 \times 2 \times 2 \times 2}_{七つを掛け合わせる}$$

ご覧の通り、累乗は、"高い階にいる" 小さく書かれた指数の個数だけある底を掛け合わせることを意味しています。

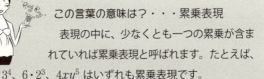

この言葉の意味は？・・・累乗表現
　表現の中に、少なくとも一つの累乗が含まれていれば累乗表現と呼ばれます。たとえば、3^4、$6 \cdot 2^3$、$4xy^5$ はいずれも累乗表現です。

指数、底
　累乗は指数と底で表されます。指数は小さく書かれた数です。底は銅像の台座のように下にある数のことです。累乗は底をいくつか掛け合わせて得られる数を表し、指数が底の個数を示しています。たとえば、3^4

の表現では、指数は 4 なので、3 が 4 つ掛け合わされることになります。

$$3^4 = 3 \times 3 \times 3 \times 3 = 81$$

第 16 章で底に変数を使うことを学びます。

累乗表現の読み方

3^2	三平方(三の二乗)
x^2	x の平方(x の二乗)
3^3	三立方(三の三乗)
x^3	x の立方(x の三乗)
3^4	三の四乗
x^4	x の四乗
3^5	三の五乗
x^5	x の五乗

累乗表現はいくつかの読み方があります。ここに挙げたのは、授業でもっとも頻繁に用いられるものです。二乗と三乗には特別な読み方があります。これは、面積や体積の単位(平方メートル、立方メートルなど)でもおなじみですね。この表にない大きな指数の累乗表現は、四乗や五乗と同じようにその数をそのまま使って読みます。

ここがポイント！ 指数が 1 の累乗もあります。というよりすべての数は指数 1 がある累乗表現だと考えてよいのです。指数 1 を書く必要がないだけです。5 のことをわざわざ 5^1 と表すなんてむだですよね。ただし、このことを理解して

いると、あとで役に立ちます。

要注意！　ときどき、3^3 の答えを 9 と勘違いする人がいるようです。3 と 3 の掛け算と錯覚してしまうからでしょう。もちろん、本当は $3^3 = 3 \times 3 \times 3 = 27$ です。もしかしたら、7^3 を 21 とやってしまう人もいるかもしれません。とんでもない！ 累乗表現は普通の掛け算よりもはるかに、はるかに強力なのです。ビルの最上階のオフィスに座っている累乗氏の実力を思い出しながら、累乗表現の意味を書き出してみるとよいでしょう。正しくは $7^3 = 7 \times 7 \times 7$ だということに気をつけましょう。累乗氏の実力を甘くみないように。

ここがポイント！　10 を底に持つ累乗表現の便利な点は、その指数を見ただけで、累乗が表す値に現れる 0 の個数がすぐわかるところにあります。つまり、

$$10^1 = 10、10^2 = 100、10^3 = 1000$$

というわけです。

練習問題

累乗表現を使って、次の表現を短く書き直しなさい。その累乗が表す値を計算する必要はありません。最初の問題は私が解きましょう。

1. $6 \times 8 \times 6 \times 6 \times 8$

解：まず、6 のグループと、8 のグループとに分けて、それぞれまとめましょう。三つの 6 と、二つの 8 に分けられるので、$(6 \times 6 \times 6) \times (8 \times 8)$ となり、あとは簡単です。

答え：$6^3 \times 8^2$

2. $2 \times 2 \times 2 \times 2 \times 2 \times 5 \times 5$
3. $10 \times 10 \times 10 \times 10 \times 10 \times 10$
4. $12 \times 12 \times 7 \times 7 \times 12 \times 7 \times 12$
5. $0.2 \times 0.2 \times 0.2 \times 0.2$ （ヒント：小数でもやり方は同じです。）

ここがポイント！ 累乗の底が1である場合は、指数が何であろうと累乗の表す値は1になります。$1^2 = 1 \times 1 = 1$、$1^3 = 1 \times 1 \times 1 = 1$ などを考えると、納得できますね。そして、一般的な規則として、任意の実数 m に対して $1^m =$

1 が成り立ちます。この事実は新聞の一面記事になったりはしませんが、心にとめておくとよいでしょう。

ダニカの日記から・・・子猫の累乗

　私は、メールを大勢の人に一斉に送信することはめったにありませんが、生まれて間もない小さな子猫が自分のしっぽに追いつこうと必死になっている短い動画を見つけたときは、そうしたい衝動にかられます。子猫たちのあどけない顔はとてもかわいいので、子猫好きな知り合いと幸せな気分をシェアしたい気分になるからです。

　昨晩、その瞬間が訪れました。私は、友人や家族など5人宛にその動画を送信したのです。幸せな気分に浸りながらも、私は自分の行動が波及したら、いったいどれだけの人がその動画を見ることになるのだろうと、思いを巡らしはじめました。

　動画を受け取った友人と家族がそれぞれ別の5人に動画を送信するとします。そしてそれを受け取った人がさらに、それぞれ5人にその動画を送信します。みな受け取った日の翌日に（これまで受け取ったことのない）5人に送信するとしましょう。一週間後には合計で何人がその子猫の動画を見ることになるでしょう？

ウーム。一つ一つステップを踏んで考えるのがよさそうです。数学の問題を解くときは、いつもそうすべきです。

　私は5人に動画を送信しました。そこで一日目には私以外に新たに5人が動画を見ました。ここまでは、いいですか？

　二日目に新たにこの動画を見るのは、一日目の5人がそれぞれ5人に送信しているので、合わせて25人になるでしょう。なぜそう言えるのかじっくり考えてみましょう。手を広げてじっと見てください。5本の指が、私から動画を受信した5人を表しているとしましょう。この5人がそれぞれ5人に動画を送信する様子は、それぞれの指先から新しい手がはえてきたことにたとえられます。新しくはえてきた手の指が、二日目にビデオを見ることになる人々を表しているのです。

　さて、三日目にはこの25人がそれぞれ新たな5人に動画を送信するのです。はえてきた手のそれぞれの指先から、また手がはえてくるのです。新しい手には全部で何本の指があるでしょう？

　それは、$25 \times 5 = 125$です。これが、三日目に子猫の動画を見ることになる人数です。

一日目：$5 = 5^1$ 人が新たに子猫の動画を見る。
二日目：$25 = 5^2$ 人が新たに子猫の動画を見る。
三日目：$125 = 5^3$ 人が新たに子猫の動画を見る。

パターンがあることに気づきましたか？

では、七日目に新たに動画を見る人が何人か、わかりましたか？ それは 5^7 です。

そして、一週間後に動画を見た人（私を除く）の人数は次の通りです。

$$5^1 + 5^2 + 5^3 + 5^4 + 5^5 + 5^6 + 5^7 = ?$$

これで、難しい部分は終わりました。あとは計算すればいいだけです。

$5 + 25 + 125 + 625 + 3125 + 15625 + 78125 = 97655$

私も含めると 97656 人が見ることになります。

なんと約 10 万人です。とてもかわいい子猫だったので、それは当然かもしれません。

動画を受け取った人が必ずしも誰かに送信するとは限りませんが、10 人以上に送信する人もいるかもしれません。

私は、一週間後にどれだけ大勢の人と幸せをシェアできたかを空想することにします。私がしたことといえば、たったの 5 人にグループ送信することでした。それが 200 万人に到達するには、何日かかるかわかりますか？（あなたが想像するよりはるかに少ない日数で済むのです。）

累乗氏の指示を受け取るのは誰？

累乗は、その底にだけ影響を及ぼします。つまり、累乗氏は直接の部下にだけ指示を伝えればいいのです。たとえば、$6・2^3 = 6 \times 2 \times 2 \times 2 = 48$ というように、底2にだけ指数3という指示が伝わり、累乗の実力が発揮されます。

言うまでもありませんが、$(-3)^4(6)$ で、指数4の指示は右下にある (6) にはいきません。指数とその右下にある数とは累乗にはなりません。反対側の左下が底です。

また、指数がカッコの右上にあるときは、カッコ内のすべてに影響します。$(3 \times 2)^3 = 6^3 = 216$ のようにです。

このことを頭におくと、底が負の数になるときにも、正しく累乗の計算ができるようになります。

累乗と負の数の関係

あなたが会社のとても高い地位についていたとして、もっとも難しい仕事は、さまざまな個性の部下たちとどう接するかでしょう。仕事はよくできるが、欠点(ネガティブ)のある部下とは、どう付き合ったらいいでしょう？ 自尊心は強いけれど傷つきやすくもあるタイプ、自分の意見を曲げないタイプ。こういうネガティブなところのある性格の部下たちを扱うときには注意が必要でしょう。累乗に関しても同じことが言えるのです。

3^4 の値を求めたいときは、どうすればいいかわかって

いるでしょう。3·3·3·3 = 81 と計算できます。それでは、$(-3)^4$ や (-3^4) の計算はどうすればいいでしょうか？ そして実は、この二つは違う値なのです！ その違いに気づきましたか？ 指数が置かれている場所に注目します。

指数がカッコの外側にあるときは、カッコの中身にかかわらず、それを四つ掛け合わせればいいのです。つまり、カッコの中身が 3 であろうと −3 であろうと、累乗の指示は同じです。

$$(-3)^4 = (-3)·(-3)·(-3)·(-3)$$

これは四つの負の符号を掛け合わせるので、未知数に親しむ篇 63 ページで学んだことから、偶数個の負の符号は打ち消しあいます。ですから、$(-3)·(-3)·(-3)·(-3) = 3·3·3·3 = 81$ が答えです。$(-3)^4 = 81$ は正の値になりました。

一方、指数がカッコの内側にあるときはどうでしょう？

$$(-3^4) = ?$$

カッコの役目は他の項から区別することでした。しかし、ここでは区別しなくてはならない他の項がないので、ここのカッコは不要です。つまり、次のように書き直すことができるのです。

$$(-3^4) = -3^4$$

自分で納得がいくまで、しばらく眺めてみてください。

カッコをはずしただけで、値が変化するようなことは何もしていないことを確認しましょう。

さて、もう一度、累乗は、指数が直接かかっているものにだけに影響することを思い出しましょう。指数がカッコにかかっているときは、カッコの中身全体を掛け合わせるのでした。そして、累乗がある数にだけかかっているときには、それ以外のものにはまったく影響しないことに注意しましょう。

$$-3^4 = -(3)\cdot(3)\cdot(3)\cdot(3) = -81$$

このことは、次のように、別の角度から説明することもできます。未知数に親しむ篇 60 ページで見たように、負の符号は (-1) の掛け算で置き換えられます。それを使うと、$-3^4 = (-1)3^4$ とできますね。すると、$(-1)81 = -81$ のように、答えは負の値になります。

まとめると、$(-3)^4 = 81$ と $(-3^4) = -81$ が正しい答えです。数学の先生は、この違いが理解できているかを、試験で必ず試そうとするでしょう。

最初の問題 $(-3)^4$ の計算で答えが負の数になってしまい、どこが間違っているのかわからないあなたはここを読みましょう。負の符号を 3 から離すことは可能ですが、カッコの外に出すことはできないことを理解しましょう。つまりこうです。

$$(-3)^4 = (-1\cdot 3)^4$$

これ以上、負の符号に対しては何もできないことに注意しましょう。つまり、負の符号をカッコの外に移動することはできないのです。なぜなら、負の符号は指数のかかっているカッ

コの内側に存在するからです。累乗氏にとってネガティブな
「負」の符号も部下なのですから、3と同じように指示に従っ
てほしいのです。

　累乗の計算を完全に習得するまでは、累乗を掛け算の
形に書き直すとよいでしょう。そうすることで累乗の意
味をはっきり理解できるからです。しかも負の符号を扱
う際に、たくさんの間違いを未然に防ぐこともできます。
それは本当のことです。私もそうやってきたのです。

ここがポイント！　指数がカッコの外にあっ
ても内にあっても、指数が奇数ならば、値は
同じになります。負の数を奇数個掛け合わせ
ると、負の値になることがその理由です。た
とえば $(-3)^3 = -27$、$(-3^3) = -27$ はどちらも正しい
答えになります。一つ一つステップを踏んでやってみれば
わかります。ただし、答えが同じなだけで、途中のステッ
プが異なることに気をつけてください。

　累乗氏のように実力のある重役ともなれば、負の符号
を扱うこともお手の物です。十分な注意と気遣いが必要
なだけです。

ステップ・バイ・ステップ

負の符号を含む表現での累乗計算の扱い方

ステップ 1. 底と指数の関係をはっきりさせる。指数がどの数にかかっているかを確認する。負の符号がある場合は、その正確な位置に気をつける。指数は、負の符号にもかかっているか、つまり、指数のかかっているカッコの中に負の符号があるかどうかを確認する。

ステップ 2. もし、その負の符号が指数の影響を受けないのであれば、累乗の部分だけの値を求め(符号を除いた数の部分だけを指数で指示された個数だけ掛け合わせる)負の符号はそのまま残す。

ステップ 3. もし、負の符号が指数の影響を受けるなら、指数が偶数か奇数かによって答えの符号が変わる。まず、累乗をいつものように(同じものをいくつか掛け合わせることによって)計算する。そして、

- 指数が偶数ならば答えは正の値
- 指数が奇数ならば答えは負の値

になる。

ステップ 4. これを、すべての底に対して行う。できあがり。

レッツスタート！ ステップ・バイ・ステップ実践

$(-2)^3 - 4^2$ の値を求めましょう。

まず、第一項の $(-2)^3$ から始めましょう。

ステップ1. 負の符号は指数の影響を受けます。なぜなら、指数がかかっているカッコの内側に負の符号があるからです。(**ステップ2.** は $(-2)^3$ に対してはとばすことができます。)

ステップ3. 指数は奇数なので、値は負の数になるはずです。掛け算すれば確かに $(-2)^3 = (-2)(-2)(-2) = -8$。さて、次の項は -4^2 です。

第一項と第二項を引き算すると考えることもできるし、負の数の足し算と考えることもできます。どちらで考えるとしても、第二項の負の符号に指数はかかっていません。それで、ステップ1と2から $4^2 = 16$ となり、負の符号は、そのまま残せばいいことがわかります。

$$(-2)^3 - 4^2 = -8 - 16 = -24$$

できました！

答え：$(-2)^3 - 4^2 = -24$

ここがポイント！ 底が (-1) のとき、これにかかる指数が偶数であれば何でも1になり、奇数であれば -1 になります。つまり、すべての偶数 m に対して $(-1)^m = 1$ が成り立ち、すべての奇数 n に対して $(-1)^n = -1$ が成り立ちます。たとえば、$(-1)^2 = 1$、$(-1)^3 = (-1)$ となります。

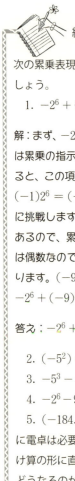

練習問題

次の累乗表現の値を求めなさい。最初の問題は私が解きましょう。

1. $-2^6 + (-9)^2$

解：まず、-2^6 を見てみましょう。カッコがなく、負の符号は累乗の指示が及ばないところにいます。別の言い方をすると、この項は -1 を掛けたものと考えられます。$-2^6 = (-1)2^6 = (-1)64 = -64$ と計算できます。次に $(-9)^2$ に挑戦します。負の符号は指数がかかっているカッコ内にあるので、累乗の指示は負の符号に影響を与えます。指数は偶数なので、負の符号は打ち消しあい、値は正の数になります。$(-9)^2 = (-9)(-9) = 81$。だから問題の解答は $-2^6 + (-9)^2 = -64 + 81 = 17$ となる。

答え：$-2^6 + (-9)^2 = 17$

2. $(-5^2) = ?$
3. $-5^3 - (-5)^2 = ?$
4. $-2^6 - 9^2 = ?$（ヒント：問題1とは答えが違います。）
5. $(-184.5)^4 - (184.5)^4 = ?$（ヒント：これを解くのに電卓は必要ありません。電卓を使わず、累乗の部分を掛け算の形に直し計算はしないでおきましょう。負の符号がどうなるのか考えればすぐに答えが得られます。）

映画スターに聞きました!
「私たちはみな、自覚しようとしまいと、休みなく数学を使っています。私たちは数学に囲まれて生活しているからです。」マイリー・サイラス(『シークレット・アイドル ハンナ・モンタナ』に主演)

小数や分数の累乗

練習問題5を解くときに気がついたかもしれませんが、累乗の底として小数や分数がくることもあります。小数や分数になってはいけないというほうが不思議でしょう。

$$(0.095)^4 = (0.095) \times (0.095) \times (0.095) \times (0.095)$$

あるいは、

$$\left(-\frac{1}{3}\right)^3 = \left(-\frac{1}{3}\right) \times \left(-\frac{1}{3}\right) \times \left(-\frac{1}{3}\right)$$

などです。両方とも正しい書き方です。底が何であっても、累乗氏の命じる指数の個数だけ掛け算をしなければならないのです。

近道(ショートカット)を教えるよ!

分数の累乗

分数 $\frac{a}{b}$ を底とする指数 m の累乗について、次の式が成り立ちます。

$$\left(\frac{a}{b}\right)^m = \frac{a^m}{b^m}$$

つまり、指数を分母と分子の両方に"取り込む"ことができるのです。

これは、次のように説明できるでしょう。たとえば、$\left(\frac{2}{3}\right)^3 = \frac{2}{3} \times \frac{2}{3} \times \frac{2}{3}$ となることはわかっているので、以前に学んだように(分数の復習は、『**数学を嫌いにならないで**』の第4章参照)、分母どうし、分子どうしの掛け算に直すことができます。つまり、$\frac{2 \times 2 \times 2}{3 \times 3 \times 3} = \frac{8}{27}$ となります。

しかし、この近道(ショートカット)を使うと、分数をすべて書き出すかわりに、累乗を分母と分子にそれぞれ取り込むことで、その過程が節約できるわけです。$\left(\frac{2}{3}\right)^3 = \frac{2^3}{3^3} = \frac{8}{27}$ のようにです。

あなたが、なぜ、これが許されるのかの理由を理解しておくと、この近道(ショートカット)の使い方を間違えることが防げるでしょう。そして、忘れてしまったときは、掛け算に直して書き出してみることです。そうすれば、何が許されて何が許されないのか、はっきりします。あやしいな、と思ったときは掛け算に直してみましょう。

絶対値の累乗

むずかしくはありませんが、説明すべきことがあります。$(-2)^3 = -8$ は理解したと思いますが、さてそれで

は、$|-2|^3$ はどんな値になるでしょう？ ウーム、$|-2|^3$ が意味するところは、"-2 の 0 からの距離を求め、その距離を三つ掛け合わせなさい" です。そして、-2 の 0 からの距離は正の数 2 です。つまり、$|-2|^3 = (2)^3 = 8$ が正しい答えです。納得がいきましたか？（**絶対値の復習は未知数に親しむ篇第 4 章参照。**）それに対して、$-|2|^3$ は -8 と等しいことがわかるでしょう。なぜなら、負の符号は絶対値の記号の外側にあるからです。同じように、$-|2|^2 = -(2)^2 = -4$ となります。

 練習問題

分数や小数、絶対値の累乗を含んだ表現の値を求めなさい。注意深く計算を進めれば大丈夫です。最初の問題は私が解きましょう。

1. $4\left|-\dfrac{3}{2}\right|^3 = ?$

解：表現の値を求めるとき、演算の優先順位はいつも PEMDAS の法則（演算の優先順位 PEMDAS の復習は、未知数に親しむ篇 30 ページ参照。累乗は E です）に従いましょう。絶対値の記号はカッコ（P）と同順です。絶対値の中身はこれ以上簡略化できません。そこで、次の E である累乗に注目します。指数がかかっているのは何ですか？ $\left|-\dfrac{3}{2}\right|$ です。つまり、"$-\dfrac{3}{2}$ の 0 からの距離"を 3 つ掛け合わせることになります。距離はつねに正の値をとるので、負の符

号を消してから、絶対値を普通のカッコと置き換えることができます。ですから問題は $4\left(\frac{3}{2}\right)^3$ と書き直せることがわかります。もう一つ別の方法としては、「よくわからないと思ったら掛け算に直す」の教訓に従って、表現全体を掛け算 $4\times\left|-\frac{3}{2}\right|\times\left|-\frac{3}{2}\right|\times\left|-\frac{3}{2}\right|$ として書き直してみることです。絶対値は $\left|-\frac{3}{2}\right|=\frac{3}{2}$ となることがわかっているので、$4\times\frac{3}{2}\times\frac{3}{2}\times\frac{3}{2}=4\left(\frac{3}{2}\right)^3$ と同じです。わかりましたか？次に、分数どうしを掛け合わせるか、あるいは、141 ページで学んだ近道(ショートカット)の手法を使って、分子の累乗と分母の累乗とに分けて計算することもできます。つまり、$4\left(\frac{3^3}{2^3}\right)=4\left(\frac{27}{8}\right)$ というわけです。（ここで、4 は指数の影響を受けません。なぜなら、4 は指数がかかっているカッコの外側にあるからです。）さて、P と E が終わったので、次は M (乗法)、4 を掛ける番です。$4\times\frac{27}{8}=\frac{4}{1}\times\frac{27}{8}=\frac{\cancel{4}^1}{1}\times\frac{27}{\cancel{8}_2}=\frac{27}{2}$。答えは $\frac{27}{2}$ となります。

答え：$4\left|-\frac{3}{2}\right|^3=\frac{27}{2}$

2. $\left(\frac{3}{4}\right)^2-\frac{11}{16}=?$
3. $(0.5)^2-|-0.25|=?$
4. $-27\left|-\frac{2}{3}\right|^3=?$（ヒント：問題 1 によく似てます。）
5. $-3|(-1)^2-(-1)^3|^2=?$（ヒント：まず絶対値の内側を簡略化します。）

ここがポイント！　カッコと仲良くなり、使いこなしましょう。混乱したら、カッコをさがすのです。カッコは三日月型をしたあなたの友人で、あなたが間違いを犯すことから救ってくれます。カッコは、負の数、累乗などが登場するときに役立ちます。数や変数がカッコなしで"裸のまま"走り回ると、いろいろな問題を起こすことになるでしょう。

この章のおさらい

累乗表現の意味が何だかわからなくなったら、カッコと負の符号に注目しつつ、掛け算の形に書き直してみましょう。

負の数に指数がかかっている場合、指数が奇数なら負の値になります。指数が偶数なら負の符号の存在は忘れてかまいません。打ち消しあうからです。大切なのは、どこに累乗がかかっているのか、納得がいくまで何回も確かめることです。そうすれば、間違いを犯すことはないでしょう。

分数全体の累乗は、分子の累乗と、分母の累乗とに分けてもまったく同じ結果が得られます。

先輩からのメッセージ
ジョアンナ・カイ・コブ(インディアナ州ベッドフォード市)
過去：陰口をたたかれる嫌われ者
現在：歌手、教師、ウェブ・デザイナー

　小学校では、だれもがよい成績をとりたいと思っていました。ところが中学生になると、様子が違ってきました。中には成績を気にする子もいましたが、大多数は秘密集団に属しているかのように、勉強は隠れてやって、その集団内での立場を守るために表向きは何もしていないかのように振る舞ったのでした。

　しかし、私は数学が好きでした。それで、授業の最後にそっと先生に質問しようとしたのですが、いつも先生は、大声で、「ジョアンナが良い質問をしました。みんなノートを開いてこれを書き写しなさい。」というのがオチでした。そのときの同級生たちの迷惑そうな声を耳にして、私は今日も陰口を言われて、皆の嫌われ者になるなぁと覚悟したものです。

　中学二年のとき、私は嫌われ者になってもかまうものかと決心しました。私は、人の顔色をうかがって、自分自身をあるがままに表現しないということにうんざりしている自分に気がついたのです。私は質問したいだけ質問して、皆がイヤな顔をするのを無視しました。そしたらどうなったと思いますか？　同級生たちが先生に訊きたくても訊けなかった質問を私がしたので、学年の終わりごろには、みんな私の質問に感謝するようになったのです。

　現在私は、歌手であり、ウェブ・デザイナーであると同時に、六年生の算数の先生でもあります。そして私は、そのどれもが大好きです。多くの人々が、ウェブ・デザインの基礎には数学が使われていることに気づいていません。色を表現するためには 16 進法を使って、さらに累乗計算までしているのです。最近、ある地方でのチャリティー・コンサートを終

えたとき、以前私の生徒だった青年が父親を私に紹介し、「お父さん、この先生のおかげでぼくは数学が好きになったんだよ。」と言ってくれました。このような瞬間、私はとても幸福を感じます。私の人生をこのように豊かにしてくれた数学に感謝！

変数の累乗

　前章で累乗の基本を学んだときには、あなたは会社の重役で、ブレットという名前の感じのいい秘書が控えているという設定にしました。あなたはシャンパンとキャビアで最高の気分を味わったと思ったかもしれませんが、本格的な話はこれからです。というのも、これからは数を卒業して、変数の累乗を学ぶからです。

　累乗は、どんな数でも底にできました。つまり、底は整数でも、分数でも、小数でも、どれでも同じように扱えるので、その底の実際の値がなんであるか、わからなかったとしても一向にかまわないのではありませんか？

　そうです。底は、変数でもかまわないということです。たとえば、

$$y \cdot y \cdot y \cdot y \cdot y$$

を例にとってみましょう。これは、同じもの5つを掛け算しているので、y^5 と書き直すことができます。y の値がわからないけれども、5つ掛ける必要があることを示しているのです。見た目がすっきりとした式になりましたね。

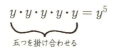

 このように変数の累乗は、数の累乗と同じように掛け算を実行させるのです。このとてつもない実力(パワー)がある重役は、電話一本でやはり大きな仕事をやってのけますが、違うのは、この重役が部下の価値(変数の値)を知らずに指示を出すという点です。重役は部下の名前さえ知らないのです。顔もわからないのです。同じオフィスで働いているのに、重役はこの部下に会ったこともないかもしれません。

 重役は部下全員の名前を覚えていなくても、きちんとした指示さえしていれば問題ありません。(指数が変数になる累乗、たとえば 2^x もあります。この場合は、底の2があなただとすると、あなたは上司がだれであるかわからない状態だと考えればいいでしょう。しかし、この本ではこれ以上は触れません。)もちろん、部下の名前を覚えている重役も素晴らしいですが、ここで大事なのは累乗氏の指数による指示に対して、底は絶対に従わなければならないことです。

累乗とカッコの関係

 前章で、カッコの外に指数がかかっている場合には、カッコの中身がなんであろうと、累乗に指定された通りの数だけ掛け合わせなければならないことに触れました。

16 変数の累乗

累乗氏は、「君がだれであろうとかまわないが、私の言う通り、掛け合わせなさい。」と言った通りにするのです。

$$\left(-\frac{1}{2}\right)^6 = \left(-\frac{1}{2}\right)\left(-\frac{1}{2}\right)\left(-\frac{1}{2}\right)\left(-\frac{1}{2}\right)\left(-\frac{1}{2}\right)\left(-\frac{1}{2}\right) = \frac{1}{64}$$

$$(3x)^5 = (3x)(3x)(3x)(3x)(3x) = 243x^5$$

$$(\text{❀})^3 = (\text{❀})(\text{❀})(\text{❀})$$

$$(y+3)^4 = (y+3)(y+3)(y+3)(y+3)$$

最後の掛け算をどうやってするのか、心配しないでください。それは大したことではありません。中身がどんなに複雑そうでも、それを何回も掛け合わせるという例を示しただけです。(この掛け算は分配法則を使って計算しますが、それはもっと本格的な数学を学ぶまでおあずけとしましょう。)しかしながら、カッコの中身が掛け算と割り算だけから成り立っている場合は、何も複雑なことはありません。

近道 を教えるよ！
ショートカット

指数をカッコの中に分配する

未知数に親しむ篇第10章で学んだ分配法則では、カッコの外にある掛け算をカッコ内の足し算と引き算に分配することができました。累乗氏に関しては、"重役だけ使用できる"分配のしかたがあるのです。つまり、累乗は、カッコ

内の演算が掛け算と割り算(分数の形で表されることもあります)だけで成り立っている場合は、累乗をそれぞれに分配することができるのです。ただし足し算と引き算には分配できません。

具体的には、底が a と b で、指数が m であるとき、掛け算に対しては

$$(a \cdot b)^m = a^m \cdot b^m$$

割り算に対しては

$$\left(\frac{a}{b}\right)^m = \frac{a^m}{b^m}$$

と分配できます。後者については 141 ページの 近道(ショートカット) も参照。

上記の 近道(ショートカット) は、底が三つ以上でも成り立ちます。$(a \cdot b \cdot c)^m = a^m \cdot b^m \cdot c^m$ とできます。カッコ内の演算が掛け算と割り算だけなら、数や変数が何個あってもすべて同じ指数が分配されます。

たとえば、$(4xy)^3$ なら、$4xy$ を三つ掛け合わせるかわりに、指数 3 を 4、x、y それぞれに分配して、$(4xy)^3 = 4^3 x^3 y^3 = 64x^3 y^3$ とできるのです。

近道(ショートカット) のやり方が、なぜ正しいのか知っておくことはとても大切です。累乗を $(4xy)^3 = (4xy)(4xy)(4xy)$ と展開して調べてみましょう。

掛け算の順番を好きなように並べ変えたとしても、その値は変わりませんね。

16 変数の累乗 153

$$(4xy)(4xy)(4xy)$$
$$\to 4 \cdot x \cdot y \cdot 4 \cdot x \cdot y \cdot 4 \cdot x \cdot y$$
$$\to 4 \cdot 4 \cdot 4 \cdot x \cdot x \cdot x \cdot y \cdot y \cdot y$$
$$\to 4^3 \cdot x^3 \cdot y^3$$
$$\to 64x^3y^3$$

ほら、この通り分配できましたね。

割り算の累乗ではどのように指数を分配できるかについては、141ページを参照してください。

近道(ショートカット)は便利ですが、なぜそれが正しいのかを知っておくことも大切です。なぜそうなるのかを理解せず、不用意にカッコの中に指数を分配してしまうと、大間違いをしてしまう危険があるのです。

要注意！ 指数を分配できるのは、乗法と除法のときだけで、加法と減法に分配してはいけません。$(y+x)^2$ は y^2+x^2 とは**等しくなりません**。このことをいつも覚えていられるように、ちょっとした実験をしてみましょう。

それでは、$(2+3)^2$ の値を求めてみてください。答えが25であることはわかりますね。カッコの中が5になるのですから、二つ掛け合わせれば25です。

$$(2+3)^2 = (2+3)(2+3) = (5)(5) = 25$$

しかし、指数を足し算に分配したとすると、どうな

るでしょう？

$$(2+3)^2 \neq 2^2 + 3^2 = 4 + 9 = 13$$

大間違い！ カッコの中が変数であってもこのような分配が間違いなのは同じことです。これが $(y+x)^2 \neq y^2 + x^2$ となる理由です。この間違いをする人は大勢いるので、ここをもう一度読み直すこと！（私は今とても真剣な表情をしていて、不気味な目つきであなたをじっと見つめているのです。）

みんなの意見

「だれでも自分の能力を発揮することは素晴らしいことです。能力を発揮している女子がいるってことは、女性の意見や知恵を抑圧してきた時代から社会が脱したことを証明していると思う。そして、過去を引きずる人々にも社会の進歩をはっきり示せることになると思う。」ジョナサン（14 歳）

練習問題

カッコの中に指数を分配できるか考えて、可能な場合はカッコをはずした表現に直しなさい。分配が許されない場合は、「分配不能」と答えなさい。最初の問題は私が解きましょう。

1. $\left(\dfrac{2}{3}xy\right)^4$

解：カッコの中にあるのは掛け算と割り算だけなので、指数をカッコ内のそれぞれに分配することが可能です。つまり、$\left(\dfrac{2}{3}xy\right)^4 = \dfrac{2^4}{3^4}x^4y^4 = \dfrac{16}{81}x^4y^4$ とできます。

答え：$\dfrac{16}{81}x^4y^4$

2. $\left(\dfrac{3}{4}x\right)^4$
3. $\left(\dfrac{3}{4}x+5\right)^4$
4. $-\left(\dfrac{3}{4}xy\right)^4$ （ヒント：指数はカッコの中にだけ分配されます。外にある -1 には分配されません。）
5. $\left(-\dfrac{3}{4}x\right)^4$ （ヒント：掛け算に直して、負の符号がどうなるか考える。あるいは、カッコ内を -1 と $\dfrac{3}{4}x$ の積と考えて $\left[(-1)\left(\dfrac{3}{4}x\right)\right]^4$ と書き直す。すると掛け算と割り算だけになるので、すべてに指数を分配できる。）

付録 2 に、よく使われる数の累乗の値を一覧表にしました。宿題をするときなどに活用してください。

ここで重役の累乗氏に別れの挨拶をするときがやってきました。しかし、累乗氏ははるか遠くに行ってしまうわけではありません。なぜなら、累乗氏は最上階のオフィスから、いつもあなたを見下ろしているので、今後の数学の勉強であなたはいつも累乗の実力を感じるでしょう。

この章のおさらい

変数に対しても累乗は、数と同様に掛け算を実行させます。変数はある数を表していて、その値がまだわからないにすぎないことを思い出せば納得できるでしょう。

指数がカッコの外にかかっているときは、カッコの中が掛け算と割り算だけで成り立っているときに限り、指数をカッコ内の数や変数に分配することができます。

先輩からのメッセージ

マーサ・テレツ（ワシントン D.C.）
過去：数学のテストでは、いつもパニック状態
現在：ペンタゴン（国防総省）の財政解析担当

中学、高校を通して、私は数学がよくできたわけではありませんでした。英語は母国語でなかったのですが、小学校の高学年までには習得できていたので、言葉が原因というわけではありません。問題は数学のテストのたびにあがってしまうことでした。まずテスト中の時間をうまく配分できなかったのです。時間内にできなくてはいけないと思っただけでパニックを起こし、普段はしないケアレスミスをしてしまうのでした。最後の問題まで行き着かないこともありました。そして神経質なことです。緊張しすぎて物事をはっきり考えることができなくなってしまうのでした。こういうことが重なって、数学で良い成績がとれず、自信もなくしました。

16 変数の累乗

　高校三年生になって、微分積分の授業をとることになりました。その授業はとても難しく、一回目の試験ではほとんどの生徒が単位を取れないほどでした。その試験後、半数がもっと易しく進度もゆっくりな科目に移ってしまったのです。私はあきらめたくなかったので、成績表に響くかもしれないとはわかっていましたが、残ることに決めました。ここまでがんばってきたのだから、あきらめてしまったら今までの苦労が無駄になると思ったからです。

　その後のテストでもせいぜい60点から75点で、不合格もありました。その原因は内容を理解できなかったというより、テストで緊張することにありました。しかし、授業が進むにつれて、一生懸命に勉強したおかげで、少しずつ恐怖心をコントロールできるようになり、冷静にテストを受けられるようになりました。どのテストも完璧とはいきませんが、進歩していることをだんだん実感できるようになりました。私はその授業にすべてのエネルギーを注ぎ、そのおかげで単位をとることができたのです！　私は幸せと解放感でいっぱいでした。

　現在、私は、ワシントンの郊外にある国防総省の財務アナリストとして働いています。手短にいうと、私の仕事はアメリカ合衆国の海軍の予算編成です。私のオフィスはペンタゴンと呼ばれる五角形をした国防総省の建物の中にあります。その歴史と重要性を考えると、仕事の意義を実感できます。業務は単調ではなく多様である点も私の気に入っているところです。いろいろな部署も経験し、昨年はサンディエゴに停泊する軍艦に4ヶ月滞在するという素晴らしい経験を得られました。

　数学は計画や予算を立てる上でなくてはならない道具です。私は同僚とともに、新しい軍艦の建造費やメンテナンス費用を計算しなくてはなりません。このためには、木材や鉄鋼の費用、軍艦の性能を最新にする費用、軍艦を動かす海兵の人件費などを計算に入れる必要があります。いつも予算内に収

まるかどうか評価しなくてはなりません。また費用の調達のための戦略も練らなくてはなりません。簡単ではありませんが、おもしろくやりがいもあります。国の安全にも役立ち、世界に貢献していると感じています。

　現在の私があるのは、学生時代、真剣に数学に取り組んだおかげです。努力を継続していけば、あなたの決意次第で、どんな目標でも成し遂げることができるのです。

やってみたけど、うまくいかなかった！

　いい考えだと思ったのに大失敗！　苦い教訓！　あなたも心当たりがあるのでは？

　「一度だけ友人の宿題を写させてもらったことがありました。そのときには時間が節約できて良い考えだと思ったのです。しかし、試験を受けてみたら、ちんぷんかんぷん。二度と宿題を写したりするものか、と決心しました。」レヴィ（12歳）

　「昨年、三種類の小論文の提出期限が二週間以内に迫るということがありました。私は三つを同時進行で書いていけば退屈しないだろうと考えたのです。ところが二つのテーマがごっちゃになってしまい、無残な結果に終わってしまいました。英語の小論文では先生にまとまりがないね、と言われたほどです。この経験を通して、私は一度に一つずつ集中して仕上げていくほうが、全部まとめて片付けてしまおうとするより、はるかに効果的であることを学びました。」アイリス（16歳）

　「高校一年生のとき、私は、みんなから好かれることだけが関心事でした。放課後、たくさんの友人を自宅のパーティに招待し、宿題もせず、夜遅くまで電話にかじりついていたので、授業中に居眠りし、友人との付き合いを家族より優先するようになりました。成績は急降下し、授業にはとうてい追いつけそうにありません。しかし、次第に私は、卒業（できる

として）後には縁の切れる友人しかいない人間にはなりたくないと思うようになりました。勉強ができない言い訳を考えなくてはならない人間にも。このように決意したおかげで、容易ではなかったけれども成績は上がるようになりました。今はそのころに比べ、ずっと幸せです。」ステファニー（17歳）

「私は授業中に質問するのが恥ずかしくてできません。誰か同じ質問をしてくれたらいいな、と待っているだけなのです。試験になると、まさに私が質問したかった問題が出題されて、どう答えていいかわからないことがありました。私は恥ずかしい気持ちを克服したいのです。私は先生になるのが夢なのです。私のような内気な生徒を助けられたらなぁ、と思います。」エイミー（16歳）

「昨年は数学のできがよくありませんでした。とうてい理解できないとすっかりあきらめてしまったのです。今年はみんなの二倍努力して追いつかなければなりません。」ジェナ（17歳）

「誰かに宿題を手伝ってくれと頼まれたことがありますか？ある日のこと、その日の最後の授業である歴史の時間、私はスペイン語の宿題をやろうとしていました。スペイン語の教科書を自宅に持って帰りたくなかったからです。すると友人が、自分の分もやってくれないかと頼んできました。私は親切心から引き受けてしまったのでした。ところが、宿題が完成する前に授業が終わったので、急いで全部の勉強道具をカバンに詰め込んで帰宅したのでした。翌朝、学校でスペイン語の宿題を取り出そうとすると一つしかなかったのです。もう一つは歴史のファイルの中にしまい込んでいたことがわかりました。もちろん友人との約束を破りたくなかったので、手元の宿題を友人に渡し、私は提出しませんでした。友人はその宿題で100点をもらい、私は0点でした。私はこの失敗を教訓とし、それ以来、他の人の宿題をしてあげるということは一切止めました。」ブリタニー（15歳）

「私のロッカーは乱雑でした。プリント類は教科書に適当に挟んだままで、どこを探せばいいかわかりません。ある日のこと、私はとても大事な宿題をなくしてしまいました。見つからないまま提出することができませんでした。成績は0点でした。私は整理整頓がいかに大事なことかを学んだのです。習慣を変えることは容易ではありませんが、今では、私はロッカーを定期的に整理し、なくし物がないように心がけています。」デジリー（13歳）

「社会の授業で、プリントの難問に答えるという課題が出されました。友人の一人はとても頭がよく、なんなくこなしているようでした。私が答えを写してもいいかとたずねたところ、友人は承知してくれました。そのときは助かったと思いました。まさかその内容がすぐにテストに出されるとは思ってもみなかったのです。しかし翌日、抜き打ちテストがあり私は不安になりました。問題をみてみると、まさに前日のプリントに載っていた問題ばかりです。私は何とか答えようとしましたが、結果は当然のことながら赤点でした。私は大切な教訓を学びました。これからは絶対に他人の答えを写したりしません。」ブリタニー（14歳）

ナンプレをしたことがありますか？

　私がはじめてナンプレ（ナンバープレース）を知ったのは、テレビ番組「パパはどうやってママに出会ったか」の撮影に参加しているときでした。（この番組については、62ページにあるディレクターで製作総指揮のパメラ・フライマンのメッセージを参照。）女優のアリソン・ハニガン（番組ではリリーの役を演じている）が、このパズルのルールを私たちに教えてくれたのでした。撮影に参加している俳優やスタッフみんながすぐにこのパズルのとりこになりました。撮影中以外はずっ

と夢中になって解いていたものです。

ルールを紹介しましょう。空白のマス目に1から9までの数を埋めていきます。このとき次の三つの条件を満たさなくてはなりません。縦の一列に同じ数を二度使ってはいけません。横の一列も同じ数を二度使ってはいけません。太枠で囲まれた3×3個のマス目にも同じ数を二度使ってはいけません。以上です。この条件を同時に満たすというのはとても難しいのです。

1	3		5					
		8	7		9	6		
	7			6		3		2
				5	3		2	4
6		4	9		7	8		5
2	5		1	4				
7		9		1			4	
		2	8		4	7		
3					6		9	

やってみる? 真ん中にある、左端が6で右端が5の行に注目してください。この行の空欄になっているマス目は三つだけで、そこにあてはまるのは1、2、3のどれかです。灰色に塗ったマス目に何が入るか検討してみましょう。このマス目を含む縦の列を見てみると、すでに3が存在していることに気がつきます。ですからこのマス目に3を書くことはできません。このマス目を含む太枠を見ると、今度は2が含まれていることがわかります。同じ3×3正方形内にも同じ数を二度使ってはいけませんから、このマス目には1を書くしかないことがわかります。このマス目に1と書き込みましょう。こつとしては、あるマス目に入る数が1通りに決まるまでは、何も書き込まないことです。それから、このパズルは宿題を済ませてからやりましょう。なかなかやめられなくなるから

です。上記のナンプレの解答は、kissmymath.com のサイトにあります。がんばってね！

関数への招待

教科書で

$$f(x) = x + 1$$

のような式はもう見ましたか？ 初めて見たときはこれが何だかちっともわからなかったのではありませんか？

さて、そんな経験があったにしろなかったにしろ、ここでいいことをお知らせしましょう。あなたは、まもなく $f(x)$ が何を意味するのか理解できるだけでなく、簡単に $f(x)$ を操れるようになり、直線のグラフを描くことなど鼻歌まじりにこなすことができるようになるでしょう。（グラフの書き方については第 18 章で詳しく学びます。）

未知数に親しむ篇第 6 章で学んだ、「x に数を代入する」ということを思い出してください。なぜなら、それがここでは非常に重宝な道具になるからです。

ソーセージ工場

関数っていったい何？

関数は、$f(x) =$ "x を含む表現" という形で表されます。たとえば、

$$f(x) = x + 2$$
$$f(x) = \frac{(3x-1)}{5}$$

などのようにです。しかし、それはどんなことを意味しているのでしょうか？ $f(x)$ の f は関数(ファンクション、function)の頭文字 f を意味しています。ところで、私はこれを工場(ファクトリー、 factory)の f だとも考えたいのです。

そして、ファンクションやファクトリーはいったい何をするものなのでしょう？ それは、原材料 x という値を取り込むと、製品として他の値を製造するのです。できたその値を $f(x)$ と表すのです。

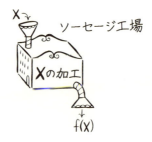

つまり、私たちが工場の機械に x という値を投入すると、何か別の値となって返ってくることになるというわけです。 x の異なる値を工場の機械に投入すると、製品 $f(x)$ も異なる値となって製造されるというわけです。しかし、私たちが何を投入しても、加工の仕方は同じなのです。

これは、こう説明できるでしょう。ソーセージ工場では、機械に投入された肉をひき肉にし、胡椒をふりかけ、玉ねぎのみじん切りが混ぜられることでしょう。できあがったソーセージは、あなたが投入した肉の種類によって違った味になるはずです。もし、あなたが鶏肉を投入した場合と、牛肉を投入した場合とでは、できあがったソーセージの味は異なりますね。その工場の機械がまったく同じやり方でそれぞれの肉を調理したとしてもです。

誰も見ていないすきに、チョコレートを入れて、どんなものができるか試してみることだってできます。まず、チョコレートは粉々になり、胡椒がふりかけられるでしょう。そこに、細かく刻まれた玉ねぎが加えられることでしょう。お味はよろしくないかもしれませんが、作ってみることはできるのです！

さて、二つの違った原材料を関数 $f(x) = 3x + 2$ に投入し、何が製造されてくるか見てみましょう。どんな x が投入されようと、この工場では、まず x が3倍され、その答えに2が加えられることだけは確かです。

まず、$x=1$ を投入すると、どんなことが起こるか、見てみましょう。

$$f(x) = 3x+2$$
$$\rightarrow f(1) = 3(1)+2$$
$$\rightarrow f(1) = 3+2$$
$$\rightarrow f(1) = 5$$

このように、$x=1$ の値をこのソーセージ工場に投入すると、5 という値が製造されてくることがわかりました。言い換えると、$f(1)=5$ ということです。

さて、$x=20$ ならどうでしょう。

$$f(x) = 3x+2$$
$$\rightarrow f(20) = 3(20)+2$$
$$\rightarrow f(20) = 60+2$$
$$\rightarrow f(20) = 62$$

今回は、$x=20$ という原材料を入れると、$f(20)=62$ という製品が得られることがわかりました。

> **この言葉の意味は？・・・関数**
>
> 関数とは、x に対してどんな操作を施すのか、その調理法(レシピ)を表す等式の一種です。関数は、x という原材料を投入された工場が、ソーセージ $f(x)$ を製造することにたとえられるでしょう。関数はたいてい $f(x)$ や y と書いて示します。例をいくつか

挙げておきましょう。

$$f(x) = 3x - 1 \quad f(x) = x^2 \quad y = 2x + 1$$

原材料を一つ決めれば、製造されるソーセージの種類も一つに決まることに注意しましょう。（このことは関数の定義に含まれています。どうでもよいように思うかもしれませんが、後でとても重要になってくる性質です。数学では、一つの原材料に対し、二つ以上のソーセージが対応する関係も考えることができます。工場にはふさわしくないようですね。このことは 223 ページのコラムで少し触れますが、初歩的な数学ではあまり登場しないでしょう。）

ここがポイント！　関数 $f(x)$ を表す表現に x が何度も出てきたら、「ああ、この全部に原材料を投入すればいいのか」と考えて、x のところにはすべて、原材料の値を代入します。

表にまとめる

ソーセージは食卓(テーブル)で食べるのが作法にかなっていることは確かですが、ここで使うのは、表(テーブル) です。たとえば、$f(x) = 2x + 1$ に対し、原材料として $-2, -1, 0, 1, 2$ を投入したら、どんなソーセージができるか見てみましょう。

結果を表にまとめます。

$$f(x) = 2x + 1$$

原材料 → ソーセージ：$f(x)$
-2 → -3
-1 → -1
0 → 1
1 → 3
2 → 5

加工の仕方

$f(-2) = 2(-2)+1 = -4+1 = -3$
$f(-1) = 2(-1)+1 = -2+1 = -1$
$f(0) = 2(0)+1 = 0+1 = 1$
$f(1) = 2(1)+1 = 2+1 = 3$
$f(2) = 2(2)+1 = 4+1 = 5$

表の一番左の列に、投入する原材料(x の値)が示されていて、一番右の列に得られた値が示されています。どんな原材料が投入されたとしても、まず、2倍されてから、1を加えるという操作がされます。原材料0を投入すると、1というソーセージが得られます。そして、2という原材料を入れたときは、5というソーセージが得られます。わかりましたか？

もちろん、こういう表を作るときに、矢印を使わなければいけないという規則はありません。私が矢印を使いたかったのは、はじまりが原材料 x、途中で x にある操作をし、最後が $f(x)$ という過程を表したかったからです。表は関数のグラフを作るときにもたいへん重宝するでしょう。

次に、関数の表の別の書き方を紹介します。

ソーセージの秘密をこっそり教えましょう

私はカッコをみると、いつも誰かが内緒話をしているかのように思います。（文章を黙読するとき、カッコが出てきたら、頭の中の声もささやき声になりませんか？）

あなたが、とてもおいしいソーセージを作る工場を見つけたとします。原材料からは想像もつかないようなソーセージができるのです。そして、友人にその秘密のレシピを教える場面を想像してください。あなたは、友人の耳元に小さな声で、「（しっ！　これは誰にも内緒だけどこの工場の機械にみかんを投入したら、チョコレート味のソーセージがでてきたのよ。）」とか、「（2を投入したら、なんと163がでてきたよ。）」とささやくかもしれません。

急いでいるなら、もっと短く、「（みかん、チョコレート）」とか、「(2, 163)」などとささやくかもしれません。そして、あなたの友人は、それが何を意味するのか理解できるでしょう。なぜかというと、二人の間では前もって、原材料、できたソーセージの順にレシピを伝えることを取り決めしていたからです。とても効率がいいやり方ですね。

さぁ、もう一度、さっきの関数 $f(x) = 2x+1$ について、矢印のかわりに、今度はこの秘密のやり方と同じように、カッコを使って原材料、ソーセージの順に表しましょう。すると、前ページの表は、次のように書き換えられます。

(原材料、ソーセージ)
(−2, −3)
(−1, −1)
(0, 1)
(1, 3)
(2, 5)

―――― ステップ・バイ・ステップ ――――

関数を表にまとめる方法

ステップ1. 原材料(x の値)を関数の x のところに代入する。計算して $f(x)$ の値を求める。

ステップ2. x の値をいろいろ変えてみてこの操作を実行し、結果を書きとめておく。

ステップ3. すべての結果を表にまとめる。まず、原材料(x の値)をすべて左側の列に並べ、それぞれからできたソーセージ($f(x)$ の値)を同じ行に書く。矢印を使ってもよいし、(原材料、ソーセージ)としてもよい。

問題によっては、ステップ3の書き方に指定があるかもしれませんが、カッコを使った表し方は、関数のグラフを書くときに特に役立つことでしょう。その理由は次の第18章を読めば納得できるでしょう。(第18章では、カッコの秘密のささやきは、「順序対」と定義されています。

だからあなたの先生もこの秘密の方法を知っているのです。しかし私たちも秘密のソーセージによって学ぶことができましたね。)

ここがポイント！ 工場の x に値を代入した後、計算するやり方は未知数に親しむ篇 127 ページで学んだ、変数にいろいろな値を代入したときのやり方と同じです。つまり、いつも気をつけているように、演算優先順位を示す PEMDAS に従って、カッコ、累乗、乗除、加減の順番で計算を進めていきましょう。

レッツ
スタート！　ステップ・バイ・ステップ実践
―――――――――――――――――――――

関数 $f(x) = 8x - 1$ に対して、x の値を $-2, 0, \frac{1}{2}, 5$ と変化させたときの関数の値を求めましょう。ここでは二つの方法で表を作成します。

ステップ 1, 2. それぞれの x の値を代入し、$f(x)$ の値がどう評価されるか、みてみましょう。まず、$x = -2$。x のあるところすべてに -2 と代入しましょう。そうすると、$f(-2) = 8(-2) - 1 \to f(-2) = -16 - 1 \to f(-2) = -17$ と評価できました。これで最初の原材料とその製品であるソーセージの組がわかりました。つまり、-2 を投入して -17 を得ることができました。

次に、$x=0$ に対しては、$f(0) = 8(0) - 1 \to f(0) = 0 - 1 \to \boldsymbol{f(0) = -1}$ となります。原材料 0 を投入すれば -1 が得られます。次は $x = \frac{1}{2}$ です。同じように、$f\left(\frac{1}{2}\right) = 8\left(\frac{1}{2}\right) - 1 \to f\left(\frac{1}{2}\right) = 4 - 1 \to \boldsymbol{f\left(\frac{1}{2}\right) = 3}$ です。原材料 $\frac{1}{2}$ では、3 が得られます。最後に、$x = 5$ を代入したらどうなるでしょう? どんなソーセージができてくるか見てみましょう。

$$f(5) = 8(5) - 1 \to f(5) = 40 - 1 \to \boldsymbol{f(5) = 39}.$$

ステップ 3. 以上の結果を表にまとめましょう。まず矢印を使ったやり方で、それぞれの原材料とそれに対応したソーセージを並べてみましょう。次に、もっと簡潔で効率的なカッコを使ったやり方、つまり、(原材料、ソーセージ) という形式の表も完成させましょう。

原材料：x	→	ソーセージ：$f(x)$
-2	→	-17
0	→	-1
$\frac{1}{2}$	→	3
5	→	39

$(x, f(x))$
$(-2, -17)$
$(0, -1)$
$\left(\frac{1}{2}, 3\right)$
$(5, 39)$

ここがポイント！ この表を作ることに何の意味があるのかは、今は気にしないでください。もちろん、矢印を使った表も、カッコを使った表も、後で関数のグラフを作るときに

役に立つのです。この段階では、計算結果を見やすいように整頓しただけと考えればよいです。

 練習問題

それぞれの関数について、$f(-6)$, $f(-3)$, $f(0)$, $f(3)$, $f(9)$ を求めなさい。言い換えると、x が $-6, -3, 0, 3, 9$ に等しいとき、$f(x)$ の値はそれぞれいくつになりますか？そして、求めた値を二種類の方法、つまり矢印を使ったやり方と、カッコを使ったやり方で表にしなさい。最初の問題は私が解きましょう。

1. $f(x) = 3x + \dfrac{x}{3} + 1$

解：与えられた x の値それぞれについて、$f(x)$ の値を評価します。まず、$x = \mathbf{-6}$ に対しては、

$f(\mathbf{-6}) = 3(\mathbf{-6}) + \dfrac{\mathbf{-6}}{3} + 1 \to$
$f(\mathbf{-6}) = -18 + (-2) + 1 \to f(\mathbf{-6}) = -20 + 1$
$\to f(\mathbf{-6}) = -19.$ $\boldsymbol{f(-6) = -19}$.

次に、$x = -3$ については、
$f(-3) = 3(-3) + \dfrac{-3}{3} + 1 \to$
$f(-3) = -9 + (-1) + 1 \to f(-3) = -9.$
$\boldsymbol{f(-3) = -9}$.

$x = \mathbf{0}$ については、

$f(0) = 3(0) + \dfrac{0}{3} + 1 \to$
$f(0) = 0 + 0 + 1 \to f(0) = 1.$ $\boldsymbol{f(0) = 1.}$

$x = 3$ については、
$f(3) = 3(3) + \dfrac{3}{3} + 1 \to$
$f(3) = 9 + 1 + 1 \to f(3) = 11.$ $\boldsymbol{f(3) = 11.}$

$x = 9$ については、
$f(9) = 3(9) + \dfrac{9}{3} + 1 \to$
$f(9) = 27 + 3 + 1 \to f(9) = 31.$ $\boldsymbol{f(9) = 31.}$

さあ、私たちの答えを表にまとめてみましょう。

答え：

$x \to f(x)$	$(x, f(x))$
$-6 \to -19$	$(-6, -19)$
$-3 \to -9$	$(-3, -9)$
$0 \to 1$	$(0, 1)$
$3 \to 11$	$(3, 11)$
$9 \to 31$	$(9, 31)$

2. $f(x) = 2x - 2$
3. $f(x) = \dfrac{2x}{3} - 3$
4. $f(x) = x^2 - x$

グラフを描く準備：$f(x)$ のかわりに y を使う

関数の表し方には二通りあります。関数 $f(x)$ という言い方と、y を使うやり方です。関数をグラフに表すやり方を習うようになると、$f(x)$ よりも y が使われるこ

とが多くなります。しかし、それ以外のことはまったく同じです。

たとえば、関数 $f(x) = x + 3$ というのと $y = x + 3$ というのは、まったく同じことを表しています。それでは、例のソーセージを y と呼ぶ練習を始めましょう。何度も言ってみると慣れてくるはずです。それに、y という文字のほうが $f(x)$ よりも、どちらかというと、ソーセージの形に似ている気がするかもしれません。ほんの少しだけですが。

> 「以前は数学は好きな科目ではありませんでした。何もかもこんがらがるばかりでした。しかし、今では得意科目です。今年は数学がもっと難しくなると思うのですが、がんばってついていこうと思っています。」ティファニー（14歳）

みんなの意見

練習問題

それぞれの関数について、$x = -4, -1, 0, 3$ のときの y の値を求めなさい。計算結果を後で表にまとめやすいようにカッコを使って（原材料、ソーセージ）と書いておきましょう。二つのやり方で表にまとめなさい。最初の問題は私が解きましょう。

1. $y = 8 - x$

解：$x = -4$ に対しては、

$y = 8 - (-4) \to y = 8 + 4 \to y = 12$

このように、初めのカッコの組として $(-4, 12)$ を得ることができました。

$x = -1$ のときは、

$y = 8 - (-1) \to y = 8 + 1 \to y = 9$

つまり、次のカッコの組は $(-1, 9)$ でした。

$x = 0$ では、$y = 8 - (0) \to y = 8$ なので、

次のカッコの組は $(0, 8)$ でした。

$x = 3$ では、$y = 8 - (3)$ であることから $y = 5$ となり、

最後のカッコの組は $(3, 5)$ です。

以上を表にまとめます。

| 原材料 → ソーセージ | (x, y) |
x → y	
−4 → 12	(−4, 12)
−1 → 9	(−1, 9)
0 → 8	(0, 8)
3 → 5	(3, 5)

2. $y = x + 1$

3. $y = 6 - x$

4. $y = 4x - 5$

この章のおさらい

関数とは、等式の一種で、x にどんな操作をほどこすかという指示を表したものであると思うことができます。関数とは、原材料 x を投入して、ソーセージ $f(x)$ を製造する工場のような仕組みと思ってもいいでしょう。関数は $f(x)$ や y で表します。

関数の x にいろいろな値を代入するときには、原材料である x の値と、ソーセージの関係を表にまとめるとわかりやすくなります。これはまるで料理教室のようではありませんか？

表のまとめ方のうち、カッコを使って(原材料, ソーセージ)のように組にして表すやり方がありますが、それは、x の値と、それを関数に代入して得られた結果を整理する上で、とてもすぐれたやり方です。第 18 章では、組 (x, y) を順序対と呼ぶことにします。そして、これからどのようにしてグラフで表すかを学びます。

ダニカの日記から・・・落ち着いて！

　しなければならないことが山ほどあって、困ったことはありませんか？ だれでも、そんな経験があると思います。私はたくさんの宿題が出るたびにストレスをためたものでした。どこから手をつけるべきでしょうか？ 小論文でしょうか、レポートを先にまとめるべきか、それとも、範囲の広い数学のテスト勉強を優先すべきでしょうか？ 問題は、いつでもやるべきことがたくさんありすぎることのように思われます。全部やることは、とても不可能のように思えて、どこから手をつけたらいいのか見当もつかず、金縛りにあったような気分になってしまうのでした。奇妙なことに、しなければならないことがたくさんあるほど、はじめるのを先延ばしにしてしまう傾向がありました。なぜなら問題に直面するのを恐れる気持ちがあったからです。

　　　　リストを作る！
　何年もかかって私が学んだことをお教えしましょう。学校から家に帰ったとき、やらなければならないことが山ほどあるときには、何よりもまずすべきことは、深呼吸をしてから、リストを作ることです。
　リストはどんなに長くなってもかまいません。宿題

以外のしなければならないことも全部書き出しましょう。ごみを出す手伝いから、夕食を食べることまで書けばいいのです。冗談ではなく、これは、今でも私が続けていることです。「シャワーをあびる」、「食事」、「今日中に『数学と恋に落ちて』の原稿(Kiss My Math (この本の題名))を5ページ執筆する」も書きます。これはリストにすぎないし、あなた以外にそれを見る人はいないでしょうから。リストの項目を細分化することもできます。たとえば、「数学の勉強」は、「練習問題を解く」、「来週の金曜日の試験用に一枚の紙に要点をまとめる」に分割してもよいでしょう。(要点をまとめた紙については、未知数に親しむ篇「サバイバル・ガイド」を参照。これを作ると試験勉強がはるかにやりやすくなります。)そして、できるだけ客観的に優先順位の高い、今晩中にやるべきことを選んでいきます。このとき深呼吸をしながらするといいでしょう。

さて、この時点であなたは、「丸印をつけた項目を完了するには20時間ぐらいかかりそうなので、とても一晩では終わりそうにない。」と言いたくなるかもしれませんが、それでいいのです。あなたの予想は正しいかもしれないし、間違っているかもしれません。それでは、しなければならないことが多すぎ、時間との闘いのプレッシャーに負けそうで、どこから手をつけたらいいかわからないときに効き目のある秘密の方法をこっそり話してあげましょう。

それは、一言につきます。

始めること。

そうです。とにかく始めるのです。リストの丸印を確認して、始めるのです。どこからか始めるのです。どこからでもいいのです。リストに丸をつけた項目のうち、どれから始めたらいいか迷うかもしれませんが、どれからでもいいのです。あなたが一歩を踏み出すのであれば、どこからでもいいのです。心配しないで深く考えず、とにかく、始めることです。あなたがしなければならないことがあればあるほど、このことは大切です。これでわかりましたか？

最後に、これがリストを作る楽しみになることなのですが、やるべきことを一つ終えたら、その項目を消していきましょう。私は、大切だけれど簡単に片付けられることから先に始めるようにしています。なぜかというと、リストから早く消すことができるからです。これで気分がとても良くなります。なにしろ、確実に進歩していることを確認できるからです。

あなたは、それでも、全部をこなせそうにないと思うかもしれませんが、しかし、進歩していることは確かで、ゴールに近づいていることに間違いありません。心配したくなる気持ちを抑えましょう。前に向かって進むことだけ考えて、他のことには無関心を装いましょう。綱渡りの秘訣は下を見ないことです。前に向かって片足ずつ進んでいくことだけを考えるしかないのと同じ

です。

　もし、ある項目がうまくいかず、それを続けても終わりそうにないとはっきりしたときは、あきらめて別の項目に変えてもかまわないのです。私は、そういう項目につけるマークも決めています。始めたけれど、うまくいかなかった項目には斜線をつけることにしています。再度やる気が出てきたら、やり直せばよいのです。

　一日で終わらせなければならない項目のリストだけでなく、もっと忙しいときには、週末のやることリストや一週間のやることリストを作ることもあります。私はそのリストの項目が消されていくのを見るのが大好きなのです。ストレスがたまっているときは、終わった項目の全体にことさら大きなバツ印をつけることもあります。項目がだんだん消えていくのは、とても満足感が得られるものです。私はこのリストのおかげで気持ちよい達成感を味わっています。

　宿題の量から自分の時間を管理して、ストレスを軽減するやり方は、学生時代に学んでおくべきことです。なぜなら、あなたがどんな仕事を選んだとしても、生きている間ずっと役立つからです。さあ、リスト作りにとりかかりましょう。

　私たちの周囲では、意外に多くの素敵な人たちが仕事で数学を使っているに違いありません。私の身近な人を考えてみると、私の妹と親友がそうであることに気づき

ました。そこで、この二人に、仕事をする上で数学がどんなふうに役立っているのか、読者のみなさんに聞かせてくれるように頼みました。

私の最愛の人からのメッセージ

クリスタル・マッケラー（妹）
現在：ニューヨーク市の弁護士

たいていの人たちは、弁護士の仕事に数学はまったく使わないだろうと考えています。実際、私の大学での友人たちは、銀行のコンサルタントや投資の仕事ではなく弁護士になったのは、数学が苦手だったからと言っていました。しかし、数学の得意な弁護士にはたくさんの優位な点があるのです。

私の弁護士事務所は、さまざまな会社の法的な代理人を引き受けています。会社はさまざまな訴訟のためにいつも弁護士の助言を必要としているからです。資産というのは、会社が所有しているもので、そこから会社が収益を得ているものを指します。たとえば、ある菓子会社が、最大の資産として菓子工場を所有しているとします。そこで、誰かがその菓子会社に対し、「菓子工場の資産価値を正直に申告していないではないか？」と告発してきたとします。それに対して、私たち弁護士は、それが正しい評価であることを証明せねばなりません。

資産価値の評価方法の一つに DCF 法（Discounted Cash Flow 法の略）という方法があって、それは菓子工場の資産評価にも用いられます。

その式は、たとえば、三年間の DCF の計算式は、CF_1、CF_2、CF_3 をその資産の一年目、二年目、三年目のキャッシュフローとし、割引率を r とするとき、

$$\text{三年間の DCF} = \frac{CF_1}{(1+r)^1} + \frac{CF_2}{(1+r)^2} + \frac{CF_3}{(1+r)^3}$$

で表すことができます。

この意味がまったくわからなくても心配しないでください。指数(累乗)の意味と、現在習っている数学の基礎をしっかり理解していれば、いずれはこれらの式の意味することをなんなく理解できるようになるでしょう。

弁護士の多くは、私ほど数学の授業をたくさんとっていません。私は大学とロースクールで経済学、会計学、金融学の授業をたくさんとりました。それらはすべて、数学に関係しています。

私は、会社に関わる法的な争いの核心となる数学を扱うのを得意としています。これらの問題点を共同経営者と議論し、訴訟で勝つための戦略を上手に組み立てるのも仕事です。とてもやりがいがあります。

私の最愛の人からのメッセージ

キンバリー・スターン(親友)

現在:ロサンゼルス市にある市民医療施設の指揮をとる

私は、腎臓に問題のある患者にとっては命の綱である人工透析を自宅でできる機械を販売する会社に勤めています。数学は私たちの仕事にとって大切であるという以上に、それなしでは成り立たない必須の道具です。

私はこの仕事が気に入っています。私は、毎月全国を旅行し、医師、看護師、その他、治療法に関わる人々といっしょに働いています。とても楽しいです。私は、常に会議から会議に移動しながら、この患者の生活の質を向上させる新しい人工透析の方法を説明しています。そしてもちろん、数学はその仕事に役立っています。

私の会社の、運命を左右する数式の一つが年平均成長率

(CAGR)と呼ばれるものです。会社がどのように成長しているのかを、この数式で知ることによって、求人、給料、市場調査の方向性などについて計画を立てることができるのです。（数学の勉強を進めていくと、累乗の指数が分数や変数になる場合を学ぶことになるでしょう。）

$$\mathrm{CAGR} = \left(\frac{終了値}{開始値} \right)^{\frac{1}{x}} - 1$$

ここで、x は、対象にしている年数を表す。

　私の使っている数学は中級程度のものですが、数学の授業で学んだ問題解決の手法は、非常に重要な場面で役立っています。それが数学の教えてくれたことです。あなたが今日、難しい問題に挑戦していることは、明日の実社会での問題解決につながるのです。ひょっとすると、誰かの命がそれにかかっているかもしれない、ということもありえないことではありません。

関数のグラフ

　私はチューインガムがあまり好きではありません。苦手な人工甘味料を含まないガムを探すことは不可能に近いからです。それに、ガムをかむとあごが疲れてしまいます。でもガムにはもっと別のよい使い道もあるのです。この章で後にその説明をすることにしましょう。

　まず、私たちはどんなふうにして平面(プレイン)に点を描くのかを学びます。初心者の人はまず飛行機(エアプレイン)に乗らなくてはいけません。いえ、これは冗談です。真面目な話に戻ると、未知数に親しむ篇21ページで学んだ、数直線上に数を配置することを思い出しましょう。たとえば数直線上に−4、−1.5、3を表したいときには、次の図のようにすればよかったのでした。

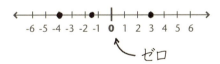

　しかし、これは文字通り、あまりにも一次元的すぎます。それでは二次元的なグラフを描いてみましょう。つまり、座標平面と呼ばれているものの上に描くのです。

それは普通の二本の数直線からできていて、そのうちの一本は縦に引きます。二本の直線はお互いの0の値のところで交わっています。下の図を見てください。

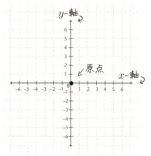

二直線が交差しているところは原点（オリジン）と呼ばれています。その名の由来はおそらく、0がすべての始まりだからではないでしょうか。x-軸は、まさにおなじみの数直線です。原点の右側には正の数が並び、原点の左側には負の数が配置されています。

y-軸は上下に伸びた数直線で、これも難しいものではありません。原点より上にある数は正の数を表し、原点より下にある数は負の数を表しています。ここまではわかりましたか？

それから、二本の軸(軸は英語でaxisですが、複数形がaxesとなるのはラテン語から発祥しているからでしょう。axesの語尾は、やはり複数形を表すtaxis(タクシーズ)と同じように発音しましょう。一方、axisの語尾の発音は、これから旅行に出かけようとしているのに、あなたの妹がトランクにまだ何もつめていないときに、「荷物をまとめ

なくちゃ、sis」と sister を略して呼ぶときといっしょです)は、平面を"象限"と呼ばれる四つの部分に分割します。四つの象限がどこにあるか忘れないようにするためには、原点につながれたロープを握っている、サーカスの曲芸師を想像してみてください(本当にまねをするのはよしましょう)。その曲芸師は、二本の軸の 正 の部分で囲まれた象限からスタートします。なぜなら、そこにいると、とても前向きな気分になれるからです。次に、x-軸に沿って小走りしたあと、y-軸に向かって飛び上がり、ロープにつかまったまま平面の全体を歓声を上げながら、ぐるっと一周します。

こうすることで、その曲芸師は各象限を順番に訪れることになります。訪れた順に第一象限、第二象限、第三象限、第四象限となります。そして、ふたたび、第一象限に戻ってきて、もう一周する準備を始めます。

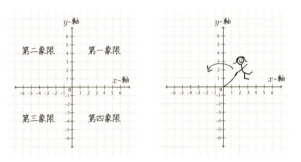

質問です。今ここで、象限の名前が書いてない座標平面をあなたに渡して、「象限の名前をいれてください。」

と頼んだら、すぐにできますか？ 答えは、「もちろん、できます。」ですか？ そうだと思いました。あなたはとても優秀な生徒です。

さて、普通の数を数直線上に表すことができるのだとすると、平面上に点を指定するには、どうしたらいいでしょう？ そうです。数の組を対応させればいいですね。

169ページでは、内緒話にたとえて、秘密のソーセージを(原材料、ソーセージ)の形で表してみました。(もし、この話題をまだ読んでいないという人がいれば、第17章の関数についての話を読むことをおすすめします。そうすれば、グラフを描くことがとても簡単に思えるでしょうし、読むのにそんなに長い時間がかかるというわけではありません。それはお約束します。)たとえば$(2, 3)$や$(-4, 1)$のような数の組のことを、「順序対」あるいは「座標」と呼ぶことがあります。そして、それぞれの座標は、二次元平面の中の一つの点を指定することができます。

> この言葉の意味は？・・・座標平面
>
> 座標平面は二次元曲面の一種で、四つの象限に分けられます。その上に点を置くことができます。(それだけでなく、点の集まりとしての直線や、それ以外の関数のグラフも座標平面上に表すことができます。)

> **この言葉の意味は?・・・順序対、座標**
>
> 順序対、あるいは座標とは、カッコ内に書かれた二つの数の組です。二つの数の間にはコンマを書いて区別します。その二つの数がいっしょになって、座標平面上のたった一つの点を表す約束になっています。座標は、具体的には $(1, 2)$、$\left(-3, \dfrac{1}{2}\right)$、$(0, 0)$ のように書き表されます。一般的には、(x, y) と書き、はじめの数 x を x-座標、二番目の数 y を y-座標と呼びます。ここに挙げた三つの座標の例でいうと、x-座標にあたるのが、$1, -3, 0$ であり、y-座標にあたるのが、$2, \dfrac{1}{2}, 0$ というわけです。x-座標が y-座標よりも先にくるのは、アルファベットで x が y より先にくることを思い浮かべれば、容易に思い出すことができるでしょう。

点の取り方

169 ページで、私たちが内緒話にたとえてから使った (みかん、チョコレート) や $(2, 163)$ といった組では、原材料が先にきて、それから、製造されたソーセージが続い

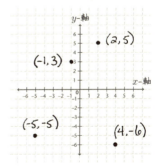

ています。私たちが点を決めるときも、ある順番に従います。

まず、私たちの人差し指を原点におき、そこから出発することにします。座標の第一の数は、x-軸に沿ってどれだけ遠くに行けばいいかを指示していると考えます。そして、座標の二番目の数は、y-軸に沿ってどれだけ上下に動けばいいかを示していると思ってください。

たとえば、座標 $(2, 5)$ が表す点を座標平面上に取るには、x-座標が正の数 2 なので、人差し指を原点から、x-軸に沿って正の方向に 2 だけ移動させます。次に、y-座標は正の数 5 なので、上の方向に 5 だけ移動したところに私たちの点を取ります。

次に、座標 $(-1, 3)$ が表す点を座標平面上に取るためには、x-座標が負の数なので、原点から出発することは同じですが、左に移動します。つまり、負の方向に 1 だけ移動します。

そして、上の方向(正の方向)に 3 だけ移動したところに点を取ります。一方、座標が $(4, -6)$ で示される点を取るためには、まず、右方向(正の方向)に 4 だけ移動し、それから y-座標が負の数なので、6 だけ下に移動します。

もし、x の値も y の値も両方負の数の場合、たとえば $(-5, -5)$ のようなときには、まず、左に移動しそれから、下方に移動すればいいわけです。それほど、難しくはないでしょう？

ここがポイント！ 座標 $(0, 0)$ は原点を表しています。原点は、x-軸と y-軸の交わるところでもあります。

ここがポイント！ もし、点の座標のはじめにある数（x の値）が 0 である場合は、その点は y-軸上に存在します。たとえば、$(0, 1)$ や $(0, -8)$ は、y-軸上に位置しています。反対に、座標の二番目の数（y の値）が 0 である場合、たとえば、$(11, 0)$ や $(-5, 0)$ のようなときは、点は x-軸上に存在していることになります。実際に、自分で点を取って確かめてみるとよいでしょう。

 練習問題

次の順序づけられた数の組が、表している点の座標を座標平面上に取りなさい。できれば、グラフ用紙を使うことをおすすめします。（インターネットには、グラフ用紙をダウンロードし印刷して使えるサイトがあります。たとえば、www.printfreegraphpaper.com や、他にも、http://themathworksheetsite.com/

coordinate_plane.html などが便利です。特に、後者のサイトでは、x-軸と y-軸とが記入済みのものがあります。）それから、四つの象限の名前を座標平面上に書き込みなさい。最初の問題は私が解きましょう。

1. $(-1, -4)$,　　$(0, 2)$,　　$(2, 6)$

解：座標 $(-1, -4)$ が表す点を取るには、まず、x-軸に沿って、負の方向に 1 だけ移動します。そこから、4 だけ下がります。次の $(0, 2)$ は、x-軸に沿って、「0」だけ移動します。これはどんなことを意味していますか？ そうです、原点から一歩も動かないということです。

次に、y-座標を見て、どれだけ上下方向に動けばよいか、考えます。y-座標は正の 2 なので、2 だけ上方に移動します。第三の座標 $(2, 6)$ は、第一座標、第二座標ともに正なので、右に 2 だけ移動してから、上に、6 だけ移動すればよいわけです。象限の番号を書くためには、曲芸師のこと（187 ページ参照）を思い出せば、百点満点がもらえます。

答え：

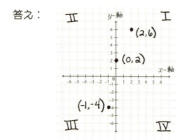

2. $(3, 4)$,　　$(-5, -6)$,　　$(-1, 0)$,　　$(-4, 5)$

3. $(2, -3)$, $(6, -3)$, $(4, 5)$（答えができたら、三つの点をつないで、三角形を作りなさい。）

4. $(2, 0)$, $(0, 2)$, $(-2, 0)$, $(0, -2)$（答えができたら、四つの点をつないで、ひし形ができることを確かめましょう。）

ここがポイント！　ここまでは、主に座標が整数（自然数と、その符号を反対にした数を合わせた数、0も含む）の場合について見てきましたが、x-軸もy-軸もそれぞれ、実数全体に含まれるすべての数（「実数全体の集合」については、未知数に親しむ篇付録1を参照）を表すことができます。つまり、$(\pi, 1)$や、$\left(3.57, -\dfrac{1}{8}\right)$のような座標が表す点も座標平面には存在しています。それらの点を座標平面に正確に取るのは難しいかもしれませんが、必ず存在しているのです。

関数、点の座標、直線

私たちは第17章で、関数（つまりソーセージ工場のことです）について学びました。関数の例としては、$f(x) = 3 - x$や、$y = x + 2$などがありました。覚えていますか？

さて、私たちは、関数を「図」として表したいと思う

ことがあるかもしれません。なんといっても、176ページで見たように、私たちは関数から(x, y)の組を表にしてまとめることができたのですから。その関数から導かれた、(x, y)という数の組は、どんなふうにグラフ用紙の上に並ぶのでしょうか？

　私たちは座標が表す点を座標平面に取ることを学んできました。ここまでは私が好きな座標を選び、あなたに座標平面上に点を描いてもらったのですが、今度からはいよいよ、ある関数からあなた自身で座標のリストを作っていただきましょう。

　たとえば、176ページの右の表を見てください。あのときは、(原材料, ソーセージ)というつもりで、表を作りましたが、これを座標とする点を座標平面に取ることもできるのではありませんか？　さぁ、実際にやってみて、関数から導かれた順序対が、座標平面でどんなふうに表されることになるのか、見てみましょう。

 練習問題

a. それぞれの関数について、与えられたxの値に対応する関数の値を求めなさい。そして、二種類の表を完成させなさい。一つは矢印を使ったもの、もう一つはカッコを使ったものです。二番目の表は、点を表す座標と同じものと見なすことができます。

b. 次に、それぞれの順序対をグラフ用紙の上に書きなさ

い。この練習問題で取り上げた関数は、すべて一次関数と呼ばれるものです。一次関数から作られる順序対が表す点の集まりは直線になります。ですから、あなたが正しい位置に点を描いていれば、それらをつないだ結果は一本の直線になるはずです。

最初の問題は私が解きましょう。

1. 関数 $y = 2x + 1$、x の値は $-3, 0, 2$。

解：問題 **a** の部分は、第 17 章の 175 ページで学んだのと同じなので、次のようになります。

$x = -3$ に対しては、

$$y = 2(-3) + 1 \rightarrow y = -6 + 1 \rightarrow y = -5$$

となるので、最初の座標は $(-3, -5)$ です。

次に、$x = 0$ に対しては、

$$y = 2(0) + 1 \rightarrow y = 0 + 1 \rightarrow y = 1$$

だから、次の座標は $(0, 1)$ となります。

そして、$x = 2$ については、

$$y = 2(2) + 1 \rightarrow y = 4 + 1 \rightarrow y = 5$$

と計算できるので、最後の座標は $(2, 5)$ です。

問題 **a** を完成させ、問題 **b** に答えるために、これら三点の座標を表にすまとめるとともに、座標平面に点を記します。

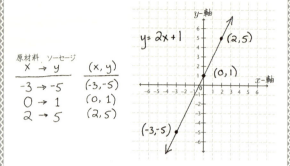

2. $y = x + 3$、$x = -3, 0, 3$

3. $y = 3x - 2$、$x = -1, 0, 1$

4. $y = 1 - x$、$x = -2, 0, 1, 4$

5. $y = x + 3$、x として自分の好きな値を三つ選んで、問題 a と問題 b に答えなさい。(ヒント：あなたがどんな数を x の値として選んだとしても、正しく式に代入できれば、問題 2 とまったく同じ直線が得られるはずです。ただし、どんな数といっても、原点からあまりにも遠い点を選んでしまうと、グラフ用紙内に納まらないことに注意しましょう。)

直線の求め方

誰かがあなたに等式 $y = 5x + 2$ を示して、この直線をグラフに描くように、とただそれだけ指示したとすると、あなたはどうしたらいいでしょう？

あなたはどうしたらいいか、もうわかっているはずです。何でもいいから二、三個の数を選び x があるところにすべて代入すればいいのです。そして y の値がどんなものになるか計算し、座標 (x, y) の形に整理しましょう。

それから、その座標を座標平面の点として表してから、それらの点を通る直線を引けばいいのです。これで完成というわけです。

―――――― ステップ・バイ・ステップ ――――――

等式から直線を描く：「代入して座標を得る」方法

ステップ 1. まず、x の値を三つ選びます。(理屈からすると、直線は二点がわかれば決定できるので、二つ選べば、その二点を結ぶことによって直線を描くことができます。しかし、ここでは、私は三点とってから直線を描くことをおすすめします。急がば回れで、そのほうが時間の節約になるからです。三点がすべて一直線上に並べば、あなたの計算が正しく行われたとわかるからです。計算を最初からやり直すことなく、確かめもできてしまうわけです。)もちろん、どんな数でもいいのです。(しかし、そのうち一つは $x = 0$ を選ぶべきです。なぜなら、いつも簡単に y の値が計算できるからです。)それらの値を等式に代入し、得られた順序対 (x, y) を表にしてみましょう。

ステップ 2. これらの座標を座標平面に点として表します。

ステップ3. 定規を使ってこれらの点を通る直線を描いて、完成です。

ここがポイント！　もし、定規が身近に見あたらなければ、硬くてまっすぐなものであれば、どんなものでも代用できます。単語カードなどでもいいですし、バインダーの縁などでもいいでしょう。

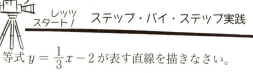

等式 $y = \frac{1}{3}x - 2$ が表す直線を描きなさい。

ステップ1. さぁ、x に代入するいくつかの数を選びましょう。うーん、どんな数が計算に便利でしょう？　そうです、0はどんなときでもやさしいので、まずは、$x = 0$ として、$y = \frac{1}{3}(0) - 2 \rightarrow y = -2$ です。私たちの最初の点は **(0, −2)** です。

次に、$x = 3$ としましょう。そうすれば、分数が消えてくれるからです。$y = \frac{1}{3}(3) - 2 \rightarrow y = \frac{1}{3} \cdot \frac{3}{1} - 2 \rightarrow$ (3どうしの約分ができるので) $\rightarrow y = 1 - 2 \rightarrow y = -1$。ですから、私たちは新たに **(3, −1)** という点を得ました。さて、私たちの三番目の x の値ですが、さきほど3を代入して分母の3が約分できたように、同じよう

にして分数を消してくれる、x の別の値はないでしょうか？ $x = 6$ ならどうでしょう？ $x = 6$ を等式に代入すると、私たちの y の値は $y = \frac{1}{3}(6) - 2 \to y = \frac{1}{3} \cdot \frac{6}{1} - 2 \to$ （共通の約数 3 を約分して）$\to y = 2 - 2 \to y = 0$。こうして、私たちはこの直線上のもう一つの点として **(6, 0)** を見つけたことになります。まとめると、私たちの点の座標は $(0, -2), (3, -1), (6, 0)$ であると結論が出ました。

ステップ 2，3. それぞれの点を座標平面に取り直線を描きます。

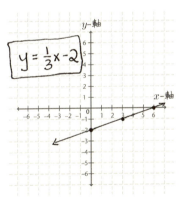

以上が、直線を描く一つの方法でした。つまり、いくつかの x の値を代入することで、その直線上の点 (x, y) を求めるというやり方です。そこまでわかれば、直線を引くのは簡単というわけです。あなたは、もう十分理解していると言っていいんですよ！

一次関数は直線として表される

この事実には、いったいどんな意味があるのでしょう?

ちょっとここで、立ち止まって、私たちがしていることは、何を意味しているのかを考える機会を設けましょう。現在、私たちがグラフを描こうとしている関数はすべて一次関数あるいは線形関数と呼ばれるもので、点をつないで描いたグラフが直線の形になるものばかりです。

私たちが、$y = x + 3$ のような一次関数を見ているときには、実際には、私たちはこの直線上にあるすべての点 (x, y) を見つけることができる**方程式**を見ているのです。実際、x にどんな値を代入しようと、この関数は、順序対 (x, y) の表す点がこの直線上にあるような y を正しく導いてくれます。これは、なぜかというと、次の理由からです。

ある直線を表す方程式は、(x, y) の x と y との間の特別な関係を表しており、その直線上にあるどの点に対しても、その x-座標と y-座標の間には、同じその特別な関係が成り立っている。

たとえば、直線 $y = x + 3$ のグラフについて考えてみると、$(2, 5), (3, 6), (100, 103)$ のように、その直線は、平面上の点のうち、y の値が x の値よりもちょうど3だけ大きいすべての点を表していると見ることができます。確かに、このような関係にあるすべての点は一直線上に並んでいます。

直線とその方程式についての解釈として、もう一つ別の考え方があります。第 12 章で、$5 - x = 3$ のような方程式の解を求めるとき、$x = 2$ はこの方程式が真の命題となる x の値だと考えたことを覚えていますか? $y = x + 3$ について同じように考えれば、この直線が通るすべての点 (x, y) はこの方程式が真の命題となる (x, y) の値だと言っていいでしょう。

ここでは、たくさんの新しい概念が説明されているので、それをすべて理解するにはここを何度も読み返す必要がある

かもしれません。ちょっと読んだからといって、すべてを理解することは期待しないほうがいいでしょう。あなたの頭の中でじっくりと熟成されるのを待ちましょう。それほど遠い将来ではなく、あるとき突然すべてが納得できるときがやってくるでしょう。

あなたがここに書かれている内容をすべて納得できたときには、あなたは、直線とそのグラフについて、たいていの人がすぐには到達できないほど深く理解できたことになり、数学の時間に、みんなから尊敬の目で見られることは間違いありません。

みんなの意見

「私は、数学がからっきしだめだと思っていたものでした。でも今では、どちらかというと、数学が得意であると気づきました。」ジェニファー（15歳）

「数学をするのは、脳の働きを良くする素晴らしい方法だと思います。」キンズリー（13歳）

直線とその傾き

あなたは、スキーをしたことがありますか？ 以前、私は、しょっちゅうスキーをしていたものですが、今は、ダンスをするほうが好きです。山をスキーで滑るとき、傾斜が緩やかだったり、急だったりしますが、私たちが描く直線にも、同じように傾斜があります。

直線の性質について勉強するときには、直線の傾斜が

どのようになっているのかを調べることが欠かせません。この直線の「傾斜」のことを数学では、直線の傾きと呼びます。しばらくの間、この傾きは分数で表すことにします。

傾きの値が正のとき、傾きの値が大きいほど、直線の傾斜は急になります。図1の三本の直線の傾きはすべて $\frac{3}{1}$ です。私たちは、直線上の任意の一点から出発し、上に3、右に1だけ移動すると同じ直線上の別の点にたどりつくことができます。図2の三本の直線の傾きはすべて $\frac{1}{2}$ です。この場合は、直線のどの点から出発しても、上に1、右に2だけ移動すると、同じ直線上のもう一つの点に到着することができます。パターンがあることに気づいたでしょうか？ 直線の傾きというのは、その直線の点から点へ進む際の上下の移動と左右の移動との比(分数)として定義されます。まとめると、

$$傾き = \frac{上下の移動}{左右の移動}$$

この言葉の意味は？・・・傾き

直線の傾きとは、その直線の傾斜のことです。傾きは、その直線上の二点に注目したとき、$\frac{上下の移動}{左右の移動}$ の比で表すことができます。直線上のどんな二点をとってきても、同じ比になることが、大事なところです。

18 関数のグラフ 203

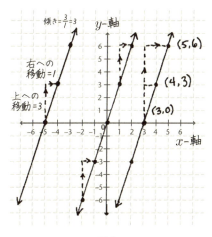

図1

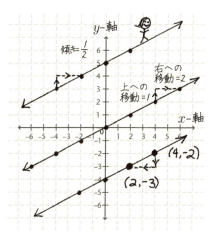

図2

ここで、私たちは、直線の傾きを比(比についての復習は、『数学を嫌いにならないで』の第16章参照)で表していることに、注意しましょう。これはなぜかというと、一本の直線上のどの二点間を移動するとしても、上下の移動と左右の移動の比は一定だからです。つまり、どの二点を選んでも傾きは同じになります。たとえば、前のページの図1で、一番右側にある直線に注目してみましょう。$(3, 0)$から$(4, 3)$への移動を考えると、上に3、右に1移動しているのがわかりますか？ つまり、$\dfrac{\text{上下の移動}}{\text{左右の移動}} = \dfrac{3}{1}$で、これは予想通りの結果ではありませんか？ なぜなら、私たちは、この直線の傾きが$\dfrac{3}{1}$であることをすでに、承知していたからです。

　しかし、もっと離れた二点どうしでも同じでしょうか？ たとえば$(3, 0)$から$(5, 6)$のような二点についてはどうでしょう。図のグラフをもう一度みてみましょう。この場合は、まず$(3, 0)$から上に6、右に2移動すると$(5, 6)$に到着します。この比$\dfrac{\text{上下の移動}}{\text{左右の移動}}$は$\dfrac{6}{2}$です。この分数は約分することができて、$\dfrac{3}{1}$が得られます。同じ比率——同じ傾きというわけです。実は、これは、特別な二点にだけ成り立つことではないのです。

直線上の任意の二点を取り、$\dfrac{\text{上下の移動}}{\text{左右の移動}}$を数えると、傾きを表す分数が得られる。これがその直線の傾きである。

傾きとチューインガムの関係

私は、傾きについて、どちらが分母でどちらが分子なのか、つまり、$\frac{上下の移動}{左右の移動}$ なのか、$\frac{左右の移動}{上下の移動}$ なのか混乱することがありました。そこで、どちらが正しい分数なのかを私たちの頭に教えてくれるビジュアル的なイメージがありさえしたら、と考えたものです。そして、見つけたものは、次のようなものでした。

チューインガムを実際に噛んでみるか、あるいは噛んでいると想像してください。大きなガムのかたまりを二つ作ります。ガムを1パック全部使ったぐらいの大きさです。（**ガムがのどにつまったりしないように、一度に口に入れる枚数は一枚か二枚にとどめましょう。それより多くのは危険です。**）そうです、よく噛んでやわらかくし、粘りがある状態になるまで噛みましょう。そうしてから、食卓の上に小皿を用意して、その二つのかたまりを、一つは小皿の表に、もう一つは小皿の裏にくっつけます。さて、小皿の表にくっついたガムのてっぺんをつまんで、その小皿を持ち上げてみましょう。あまり高く持ち上げすぎると、小皿を割ってしまい、数学（あるいは、重力）の勉強にはあまり役に立たなくなります。

しかし、あなたが食卓から5、6センチほどその小皿をチューインガムで持ち上げることに成功したとすると、あなたの指先からは長いチューインガムが小皿の表面までぶらさがっている状態になっています。また、その小皿の裏には平べったくなったガムがついていることでしょう。つまり、上下に伸びたガムは皿（分子の横の棒）の上にあるので分子になり、左右に伸びたガムは皿の下にあ

るので分母になる、というイメージです。

あなたの頭の中にこのガムのイメージを思い描けば、正しい比率 $\dfrac{上下の移動}{左右の移動}$ が浮かび上がり、どちらが分母でどちらが分子かということに悩むことはなくなるでしょう。

ところで、この実験をするときには食卓のテーブル・クロスを汚さないように注意しましょう。

傾きが負になる場合

傾きが負の数になることももちろんあります。傾きが正のときとは反対に傾いています。次ページの図は傾きが負になる直線を表しているので、203ページの直線と比較して、どんな感じなのか試してみましょう。

図の中で点線で表した、点から点への移動の比率がどのくらいか調べてみましょう。傾きが負の場合は、(上下の移動)が負になるか、(左右の移動)が負になっていることに気づいてください。

上下に負の値だけ移動するとは、上にではなく下に移動するという意味です。左右に負の値だけ移動するとは、右にではなく左に移動するという意味です。傾きが負の数で表される直線では、上下移動だけ負になるか、あるいは、左右移動だけが負になります。両方とも負になることはありません。

18 関数のグラフ　207

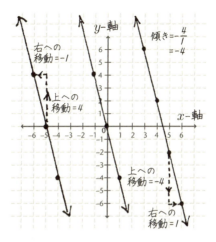

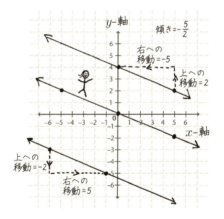

ここがポイント！　負の分数では、負の符号を分子につけてもよかったし、分母につけてもよかったし、分数の先頭につけてもよかったことを思い出しましょう。（未知数に親しむ篇 67 ページ参照。）どのように書いてもまったく同じ値を表していました。たとえば、$\dfrac{-1}{3} = \dfrac{1}{-3} = -\dfrac{1}{3}$ となります。分母と分子の両方に負の符号がついた分数では、負の符号は打ち消しあって、その値は、正の分数に等しくなってしまいます。$\dfrac{-1}{-3} = \dfrac{1}{3}$ がその例です。

　207 ページの直線のグラフの点線で示した部分は二つあり、$\dfrac{上下の移動}{左右の移動}$ を二通りの方法で解説していることに注目してください。一つは負の上下移動と正の左右移動、もう一つは正の上下移動と負の左右移動というわけです。どちらも比率は同じです。なぜなら、負の傾きを表す分数で、負の符号を分子につけても、分母につけても同じことだからです。結果として得られる傾きは等しくなります。たとえば、$\dfrac{-2}{5} = \dfrac{2}{-5}$ であることからも納得がいくでしょう。

　ところで、傾きが正の直線でも、二点間を負の上下移動と負の左右移動で移動することもできました。図2(203 ページ)を見てください。たとえば、二点 $(4, -2)$ から $(2, -3)$ へは、下に 1、左に 2 だけ移動することでたどりつくことができます。このとき、傾きの分数は、上下

も左右も移動は負なので、$\frac{-1}{-2}$ になるはずです。しかしもちろん、この比は $\frac{1}{2}$ と簡略化できるので、この場合でも、正しい傾きが得られたことになります。つまりどちらの方法でも間違いではありません。

近道(ショートカット)を教えるよ!

直線の傾きの正・負の見きわめ方

あなたがとてもやせっぽちで、203ページにある直線や、207ページの直線の上を歩いていると想像してみてください。(あなたはなぜこんなところに来てしまったのかと不思議に思っているに違いありません。)さて、あなたが左から右に向かって歩いているとすると、坂を登っている感じになりますか? それとも坂を下っているのでしょうか? これがわかると、その直線の傾きが正であるか、負であるかがはっきりするでしょう。坂道を登っている感じになるときは、その直線の傾きは正で、反対に坂道を下っているときは、傾きは負になります。

くれぐれも、左から右に歩くことに注意してください。(横書きの文章を読むときは、左から右に読むことを思い出せば、それほど難しいことではないでしょう。)ところで、あなたがまったく傾斜のない平らな道を歩いているとすると、その直線の傾きは0であるといいます。今述べたようなやり方で、素早く直線の傾きが正か、負

か、0かを判断する方法を知っていると、不注意なミスを未然に防ぐことに非常に役立ってくれることは間違いありません。

ステップ・バイ・ステップ

直線の傾きの求め方

ステップ 1. 与えられた直線上の点で、その座標 (x, y) がはっきりわかっている二点を任意に選びます。

ステップ 2. そのうちの一点から他方の点への移動を考えます。まず上下にどれだけ移動したか、数えます。（これは分子にあたります。）次に、左右の移動はどれだけか数えます。（これは分母にあたります。）下へ移動しているときや、左に移動しているときは負の数とします。

ステップ 3. 傾きを示す分数 $\dfrac{上下の移動}{左右の移動}$ を書き出して、約分できるのであれば可能な限り約分した既約分数の形に表します。これが直線の傾きです。

ここがポイント！　上記のステップ2のところで、上下移動や左右移動を数えるときに、203ページや207ページでのように、その移動を点線を使って表すと、よりわかりやすくなるかもしれません。

要注意！ 座標平面にある点の座標を書くときには、(x, y)のように、x-座標を先に書くことに気をつけてください。しかし、傾きの分数を考えるときには、上下移動（つまりy-座標の変化）が上の方、つまり分子にくることに注意しましょう。これを混同してy-座標を先に書いてしまう間違いは、あなたが思っている以上に、やってしまいがちなのです。そこで、点の座標(x, y)はアルファベットの順番、直線の傾き $\dfrac{\text{上下の移動}}{\text{左右の移動}}$ はチューインガム、というように頭に思い浮かべる訓練を日頃からしておくとよいでしょう。

 練習問題

この練習問題の最後に示した図中の直線それぞれについて、黒丸で表された点の座標を求めなさい。それをもとに、それぞれの直線の傾きを表しなさい。最初の問題は私が解きましょう。

1. 直線 A

解：図の中から、A とラベルが付いている直線を探しましょう。さて、与えられた二点の座標を割り出しましょう。

えーと。二点のうち、左側にある点は、$(-2, -1)$ のようです。ここでは、x-座標が先にくることに注意しましょう。これは、アルファベット順で x が y より先にくるからです。残りの点は $(1, -5)$ です。さぁ、一つの点から他の点への移動を考えましょう。どちらの点からはじめても結果は同じであることがわかっているので、$(-2, -1)$ の点から始めてみましょう。この点から $(1, -5)$ にいくためには、下に 4(負の上下移動になります)、右に 3(正の左右の移動)行けばいいことになります。このことから、直線の傾きは $\frac{上下の移動}{左右の移動} = \frac{-4}{3}$ であることがわかります。これは $-\frac{4}{3}$ と書くこともできて、これ以上約分はできないので、これが最終的な答えというわけです。

答え：直線 A の黒丸の座標は $(-2, -1)$ と $(1, -5)$。傾きは $-\frac{4}{3}$。

2. 直線 B
3. 直線 C
4. 直線 D
5. 直線 E

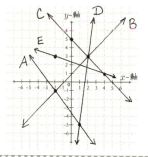

さらに進んだ数学では、直線についてもっと深い内容を学ぶことになりますが、ここでは、傾きと y-切片で表

される直線の方程式をあなたに紹介したいと思います。授業で習うときもよりわかりやすくなります。

傾きと y-切片を使った直線の方程式

ここまでのところ、私たちは、一次関数と呼ばれる関数について学んできました。つまり、それを満たす点を座標平面に集めると直線をなす関数のことです。ここで、直線をなす関数について興味深い特徴があります。それは、そうした関数が、ある数 m と b を使って $y = mx + b$ の形で書き表すことができるという点です。実は逆に、$y = mx + b$ の形で書き表される関数はいつも直線のグラフを持つということも正しいのです。

ところで、201 ページで、直線の傾きを山の傾斜と比較したのを覚えていますか？ 上記の式に出てくる文字 m はその式が表す直線の傾きを表しているのです。ですから、ある直線を表す方程式が $y = mx + b$ の形をしているときは、その直線の傾きは m だとわかります。

そして、もう一つの文字 b は、その直線の y-切片、つまりその直線が y-軸を交わるときの y-座標の値を表しています。

以下に、直線の方程式が $y = mx + b$ の形で書かれている例を挙げておきます。もっとも、今までに出てきた直線の式はすべてこの形で書かれていました。

$y = 3x + 1$	$m = 3 \qquad b = 1$
$y = x - 2$	$m = 1 \qquad b = -2$
$y = -\dfrac{1}{2}x + \dfrac{9}{2}$	$m = \dfrac{-1}{2} \qquad b = \dfrac{9}{2}$
$y = -\dfrac{2}{5}x$	$m = \dfrac{-2}{5} \qquad b = 0$ (207 ページに歩いている人がいます。)
$y = 5 - x$ $y = -x + 5$	$m = -1 \qquad b = 5$ (二つの方程式は同じ直線を表しています。)

一番下の二つの式が同じ等式を表していることがわかりますか？まず、$y = 5 - x$ を、未知数に親しむ篇 10 ページで学んだように、引き算を負の数の足し算に書き直しましょう。つまり $y = 5 - x$ は $y = 5 + (-x)$ と同じであることから、$y = -x + 5$ が得られます。

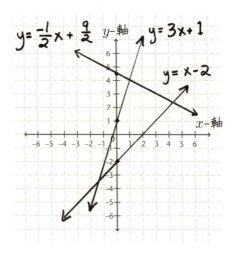

この言葉の意味は？・・・

一次関数（線形関数）

一次関数は直線を表していて、$y = mx + b$ の形式で書き表すことができます。ここで、m と b は実数を表します。（そうです、ゼロになることもあります。）記号 m は直線の傾きを表しています。スキーの傾斜を思い浮かべてもいいでしょう。そうすると、m は山を表すマウンテンの頭文字から連想できますね。y-切片とは、その直線が y-軸を横切るときの切り口です。これは、あなたが y-軸という天まで届く高い柱を刀で切り付ける練習をしている場面を想像してください。b は 刃（ブレード）のことと思ってもいいかもしれません。あなたの刃がその高い柱に向かって切り付けたとき、その切り口の値が b であるということです。

要注意！　y-切片は、y-軸との交点で、x-軸との交点ではないことに注意しましょう。高い柱に向かってあなたが鋭い 刃（ブレード）で切り付けている場面を思い浮かべるとよいでしょう。そんなわけで、b は上下に伸びた y-軸と直線の交点を表しているわけです。

ここがポイント！　ところで、203ページで、私がなぜ傾きを分数で表すことにしたか、わかりますか？　傾きは $\frac{\text{上下の移動}}{\text{左右の移動}}$ と見なすとわかりやすいからです。しかし、通常、傾きが $\frac{4}{1}$ という言い方はしません。傾きが4であると言うのが普通です。上に4、右に1だけ移動するということさえ理解しておけばよいのです。

　さて、203ページにある図2の一番上の直線、誰かさんがその上を歩いている直線に注目してください。その直線はy-軸を$(0, 5)$のところで横切っていることに気づいてください。y-切片は5になるので、$b = 5$であることがわかります。また、この直線の傾きは $\frac{1}{2}$ なので、$m = \frac{1}{2}$ だとわかります。ということは、そうです。私たちはこの直線の方程式を書き出すことができるというわけです。わかっている情報を $y = mx + b$ の公式に代入して、$y = \frac{1}{2}x + 5$ となります。この直線のすぐ下にある真ん中の直線は、まったく同じ傾きを持っていますが、y-切片は0ですね。わかりましたか？　つまり、この直線は $y = \frac{1}{2}x$ という方程式で表すことができます。一番下の直線の方程式がどんな形になるか、あなたが突き止めるのはそう難しいことではないでしょう。

直線の方程式を作る

今度は、グラフが描かれていない直線を考えましょう。しかし、この直線については、その傾きが4であることと、y-切片が8であることだけがあなたに伝えられました。あなたは、私が考えている直線がどんなものか描けますか？ できるはずです！ 先ほど見たように、あなたは $y = mx + b$ の公式の m のところには4を、b のところには8を代入することで、直線の情報をすべて含んだ方程式 $y = 4x + 8$ を得るからです。よくできました。

次に、私が考えている直線の傾きは-1で、そのy-切片は-9です。あなたは、その直線の方程式は $y = -1x + (-9)$ であるに違いないと推測することができるでしょう。つまり、$y = -x - 9$ ですね。($-1 \cdot x = -x$と係数1は省略できることを思い出しましょう。ちょっとわかりにくい負の符号だというだけで、大したことではありません。)それでは、もっとこの種の練習を重ねて、ついでに、直線の書き方の復習もしてしまいましょう。

  練習問題

次の m と b の値に対して、二つの問題に答えなさい。
a. その m と b を使って直線の方程式を与えなさい。
b. その直線上の三点を選び、直線を描きなさい。
たくさんのことを一度に考えなければなりませんが、ここまでやってきたあなたならできるはず。最初の問題は私が

解きましょう。

1. $m = 0.5$, $b = -3$

解：**a.** 与えられた条件を、公式 $y = mx + b$ に当てはめて直線の方程式 $y = (0.5)x + (-3)$ が得られるでしょう。これは $y = (0.5)x - 3$ と表すこともできます。ここまではよいでしょうか？

b. さて、いくつかの点を選ぶために、194 ページでしたように、x に適当な値を代入し、その x の相棒である y の値を求めます。まず、$x = 0$ を選ぶと、$y = (0.5)(0) - 3$ から、$y = -3$ が導かれるので、はじめの点は $(0, -3)$ です。

次はどうしますか？ それでは $x = 2$ としてはどうでしょう？（私が $x = 2$ を選んだのは、小数 0.5 をなくしたかったからです。なぜなら、$0.5 = \frac{1}{2}$ であることから約分ができて、$(0.5)(2) = 1$ となってくれるからです。練習を重ねていくと、あなたも小数や分数をなくすのに適した「うまい」値を x に代入することができるようになって、数学を楽しめるようになるでしょう。）この場合は、$y = (0.5)(2) - 3$ から、$y = 1 - 3 = -2$ となるので、次の点は $(2, -2)$ とできます。

えーと、最後に $x = 6$ とすると、$y = (0.5)(6) - 3$ から、$y = 3 - 3 = 0$ より、$(6, 0)$ が三番目の点の座標です。さあ、さっそくグラフを描くことにします。よく見ると、確かに、y-軸との交点は -3 であり、b の値が -3 で

あることと一致しています。そして、$\frac{\text{上下の移動}}{\text{左右の移動}}$ を数えてみると、これもぴったり $m = \frac{1}{2} = 0.5$ と問題で与えられた条件を満たしています。

答え：$y = (0.5)x - 3$（グラフは、以下の通りです。）

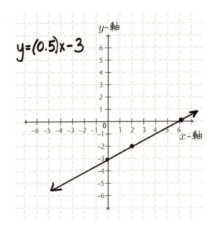

2. $m = 2, b = 1$

3. $m = -2, b = -1$

4. $m = 0, b = 4$

5. $m = \frac{2}{3}, b = 0$（ヒント：x の値として 3 の倍数を選ぶと計算がしやすいでしょう。）

6. $m = -0.25, b = -1$（ヒント：与えられた小数を分数に直し、x の値として 4 の倍数を選ぶとよいでしょう。）

ここがポイント！　直線の方程式は、$y = mx + b$ とは異なる形で表されることもあります。たとえば、$2y - 2x = -6$ や、$(7x - 2) + (y + 3) = 5$ といった方程式も直線を表しています。あなたがそうしたいと思えば、実際にこれらの方程式に対応する直線を描くこともできるし、その他のことも、まったく同じようにできます。しかし、ちょっとした計算をしてあげることで、これらを標準的な $y = mx + b$ に書き直せることを知っているとより安心かもしれません。（これらの二つの方程式は、それぞれ $y = x - 3$, $y = -7x + 4$ と書き直すことができます。）この先の数学の学習では、このような変形をたくさんしなくてはならなくなることをここで予告しておきましょう。

知っておくと役立つこと

突然変異のような直線の方程式

あなたが、$y = mx + b$ の形式で書かれた直線の方程式ばかりを見て、すべての直線の方程式がこの形で書かれると思い込んでしまうと、大切な直線の方程式を見逃してしまうことになります。それは、私が「突然変異のような直線の方程式」と呼んでいるものです。どんなものなのか見てみることにしましょう。

<u>b がない直線</u>　例：$y = 2x$。つまり、$b = 0$ が成り

立つので、このタイプの直線は、原点(なぜなら、y-軸のゼロは原点と一致しているので)を通る直線です。

<u>m が見えない直線</u>　例：$y = x + 8$。この場合は $m = 1$ を意味しています。

<u>m も x もない直線</u>　例：$y = 3$。これは $m = 0$ の場合にあたり、直線は水平であることを示しています(219 ページの練習問題 4 参照)。もしこれが、あなたの滑っているスキー場の傾斜を表しているとすると、とても退屈なことでしょう。

<u>m も y もない直線</u>　例：$x = 4$。これは垂直方向に伸びる直線です。このタイプの直線は、「傾きがない」あるいは、傾きの値は定義不能と言います。(垂直方向に伸びた直線の傾きは限りなく急なので、まるで傾きが無限大とでもいいたいような状態です。そんなわけで、傾きは定義不能という表現をとるのが習慣的な言い方です。)もし、あなたがこの直線の上をスキーで滑っているとすると、それはまるで断崖絶壁のようで、退屈どころかスキーをすることは不可能でしょう。ブルブル。

傾きがゼロ　対　傾きが定義不能

「傾きがゼロ」というのと、「傾きがない」というのは、響きは似ていますが、実際にこれらは大変かけ離れた状態を指しています。「傾きがない」直線では、その傾きを表す m にどんな値も代入できないということを意味して

います。どんな数もあてはまらないのです。正の数はもちろんのこと、負の数やゼロでさえ、mの値にはなれないのです。少なくとも0は数値の一つと言えることに注意しましょう。というわけで、傾きが0というのは$m = 0$という数値を持っていることになるので、傾きが定義不能とは、まったく違うわけです。

　傾きがゼロである直線の例：直線 $y = 3$ は、その傾きが0である直線の例です。なぜなら、$m = 0$ であるために、公式の mx にあたる部分がまったくないからです。つまり、どんな x に0を掛けてもその値は0に等しくなるので、x ごと消え去ってしまうのです。それでは、$y = 3$ が何を意味するのか考えてみましょう。この直線の方程式は、x の値がなんであるか、まったく気にしていないのです。y は常に値が3なのです。この直線上にある点の例として、$(-2, 3), (0, 3), (82, 3)$ を挙げておきます。あなたが、グラフ用紙にこの直線を描いてみれば納得できるでしょうが、その直線は水平方向に伸びているはずです。傾きがゼロというまったく退屈な直線がそこにあるだけです。

　傾きが不能である直線の例：それに対して、$x = 4$ という直線は、どんな傾きも持っていません。傾きが「定義不能」と言われているタイプの直線です。y の値がなんであろうとおかまいなしに、x はいつも4の値をとるという意味です。この直線上にある点の例としては、$(4, -13), (4, -\frac{2}{5}), (4, 31)$ などが考えられます。これらの点を通る直線を描いてみると、まっすぐに垂直方向

に伸びた直線が得られることでしょう。

> **関数　対　方程式（等式）**
> この章の最初のほうでは関数について説明し、関数が与えられたときに、関数から点を発見して、それをもとにその点や直線を座標平面に描く方法を説明してきました。それでは、なぜその後、関数という言葉だけでなく方程式というもっと幅広い概念を表す言葉を使いはじめたのでしょうか？ それは、たいていの直線の方程式は y が x の関数であるという形をとっていますが、垂直方向に伸びた直線は関数ではないからです。
> これは、言葉の定義に関係しています。関数とは、166ページで定義したように等式の一つですが、さらに、関数では、原材料が決まれば、できあがるソーセージの種類も一つに定まるというルールに従わなけばならないということを説明しました。方程式が関数であるためには、どの x に対しても、たった一つの y が対応しなければなりません。y が二つ以上対応してはならないのです。しかし垂直方向に伸びた直線においては、たとえば $x = 3$ のように、たくさんの違ったソーセージ（y の値）が一つの原材料 $x = 3$ に対して製造されてしまいます。これは、ソーセージ工場ではあるまじきことです。あなたが、ある日のこと、ラズベリーを投入して製造したソーセージと、その翌日に同じようにラズベリーを投入して製造したソーセージが、まったく異なる味のものになってしまったと言っているのと同じです。ソーセージ工場は、投入した原材料に対して、いつも同じレシピで調理するのですから、そんなことがあってはいけません。投入したのがラズベリーだろうと、数の3だろうとです。ですから、$(3, -4), (3, 29), (3, 163)$ のような数の組は、ソーセージ工場から生まれることはないのです。（一つの x が、二つ以上の異なる y と組になることはないのです。）こんな理由で、$x = 3$ のような垂直方向に伸びる直線は、関数の仲間ではないのです。

一方、あなたがラズベリーのかわりにイチゴを投入したら、まったく同じ味のソーセージが製造できてしまったということは起こりうるかもしれません。それは、あなたがレシピを上手に利用したということになるのです。（x の異なる値が、同じ y に対応することは、関数で許されています。）つまり、水平方向に伸びた直線、たとえば $y = 29$ のように点 (3, 29), (4, 29), (5, 29) を含む直線は関数と見なされています。二つの違いがわかっていただけたでしょうか？

　垂直方向に伸びた直線の他にも、非線形と呼ばれる方程式の中には、y が x の関数にならないものがたくさんあります。でも、それについて今心配する必要はありません。（興味のある読者には、関数にならない方程式の一つとして、$x^2 + y^2 = 1$ などがあることをお知らせしておきます。この方程式のグラフは、半径 1 の円になることをいずれ学ぶでしょう。）また、この「関数」と「方程式」の間にある厳密な違いについて、この段階で理解する必要はないかもしれません。しかし、先生の中には、本格的な数学を学ぶ前に、この違いを紹介するのが好きな方もいるので、ここで、みなさんにお知らせしておいたのです。それに、関数をソーセージ工場とそのレシピに例えて話してくれるような先生はあまりいないでしょう。読者の中に、私の説明が気に入ったという方がいれば、幸いです。

この章のおさらい

　数の順序対、つまり (x, y) の形式で書かれたものは、二次元の座標平面上に、ある位置を占める点として表現することができます。

18 関数のグラフ

🪣 一次方程式で表される直線を描くには、x の値をその方程式に代入し、そこから得られる y の解を (x, y) の形式で表します。これを三回繰り返し、表にします。次に、表にある (x, y) の三点を座標平面上に記入し、その三点を通る直線を描きます。

🪣 直線の傾きは、その直線の傾斜がどのぐらい急であるのかを示します。それは、$\dfrac{上下の移動}{左右の移動}$ という比率で表されます。どちらが分子にくるのか忘れたときは、チューインガムを思い出すとよいでしょう。

🪣 一次関数は一般に、$m =$ 傾き、$b =$ その直線が y-軸を横切る値 を使って、$y = mx + b$ の形で表されます。

最後に

　私は、あなたのことをとても素晴らしいと思います。この本に出てくる考え方の中には、かなり難しいものが含まれているからです。そして、さらに素晴らしいことをあなたにお知らせしたいのです。少し説明させてください。

　数学ができなくて悩んでいるとき、それは、あなたにとってとても素晴らしいチャンスなのです。なぜなら、その瞬間が、私たちの脳のある部分、あなたをより強く、よりたくましく、そして、人生で成功する道へと導いてくれる脳の部分を鍛えるチャンスだからです。その部分とは、「あきらめない」という脳の働きです。

　あなたが、何かをしようとしてなかなかうまくいかないけれど、自分を信じて、うまくいくまで挑戦し続けるとき、あなたは、もっと強くなっていくだけでなく、あなたの能力を広げていることになるのです。数学をすることには、信じがたいかもしれませんが、私たちの脳を発展させ、私たちの問題解決能力を高め、私たちの精神的な強さとスタミナを強化してくれる効果があるのです。難しい数学に苦しんでいるときほど、あなたは知らず知らずのうちに、数学から大きな恩恵を受けているのです。

　あなたがこれから成長していく過程で、世の中には、

二種類の人間がいることに気づくでしょう。挑戦し続ける人と、あきらめてしまう人です。あっさりあきらめて執着しない人のことを「かっこいい」と思うことがあるかもしれませんが、「あきらめない」筋肉を鍛えられるのは今しかありません。自覚していないかもしれませんが、今はあなたがどういう人間になれるのかが決まる大事な時期なのです。

　あなたが理解できないことを探して、自分の知らなかった考え方を身につけられる機会を逃さないようにしましょう。数学はそういう機会をふんだんに与え続けてくれます。だからがっちりつかみましょう。

　そして、それから先どんなことが起こると思いますか？　学んでいく過程で、あなたは精神的により強くなり、数学やそれ以外の困難も克服できるようになり、さらに進んだ数学を学ぶことになるでしょう。このような至高の価値を持つ数学は、あなたをかけがえのない存在に高め、あなたが想像さえできないほどの豊かな未来を切り拓いてくれるでしょう。

　さぁ、数学の問題に挑戦し、あなたの成長と夢の実現に数学を役立てましょう。将来、あなたは自分自身、そして数学に感謝のキスを捧げたくなることでしょう。

付録2

0と1の間には有理数が無限に存在する

信じられない？ では、例を挙げます。0と1の間にある有理数が無限に続く列を書き出してみせましょう。$\frac{1}{1}, \frac{1}{2}, \frac{1}{3}, \frac{1}{4}, \frac{1}{5}, \cdots$ は、いかがですか？ この数列が無限に続いていくことはわかるでしょうか？ この数列は先に行くほどどんどん小さくなりますが、0になることはないことに気づきましたか？ この数列の100番目は $\frac{1}{100}$、10億番目は $\frac{1}{1000000000}$ になります。0にとても近い小さい数ですね。

この数列は無限に続いていくのです。0に限りなく近づいていきますが、0そのものになることはありません。つまり、0と1の間には有理数が本当に無限に存在するのです。

さて、0と1の間に存在する無限に続く数列の他の例を作ることができますか？ 上記の数列には含まれない有理数の数列をぜひ考えてみてください。

もちろん、0と1の間だけでなく、数直線上のどの区間にも有理数は無限に存在します。たとえば、8と9の間はどうでしょうか？ それは、上記の数列の数に8を加えてみればいいでしょう。すると、$\frac{1}{1}, \frac{1}{2}, \frac{1}{3}, \frac{1}{4}, \frac{1}{5}, \cdots$

から $9, 8\frac{1}{2}, 8\frac{1}{3}, 8\frac{1}{4}, 8\frac{1}{5}, \cdots$ が得られます。これらの数は8と9の間にあり、8に限りなく近づいていきますが、8に到達することはないのです。

0と1の間には無理数が無限に存在する

また、0と1の間に存在する無理数が無限に続く数列を書き出すこともできます。これは少し難しいかもしれませんが、とにかくやってみましょう。さて、無理数の代表例といえば、円周率のπです。その値はおよそ3.14です。つまり、$\frac{\pi}{4}$の値は0と1の間に存在するはずです。なぜなら、これは$\frac{3}{4}$より少しだけ大きい値だからです。

では、$\frac{\pi}{4}, \frac{\pi}{5}, \frac{\pi}{6}, \frac{\pi}{7}, \frac{\pi}{8}, \cdots$という数列を観察してみましょう。徐々に小さくなっていきますが、0には到達しないことがわかりますか？　このリストの百番目の数は$\frac{\pi}{103}$(最初の数の分母は1ではなく、4だからです)であり、このリストの10億番目の数は、$\frac{\pi}{1000000003}$です。(これらの値がどのくらい小さいかわかりにくいなら、πを3で置き換えて考えてみましょう。こうしても元の分数の値と大きく違うことはありません。)

この数列に含まれる数はすべて無理数なのです。そして数直線上の0と1の間に存在し、しかも無限にあります。ですから、0と1の間に無理数が無限に存在することを証明したことになります。ここのところは何度も読み返してみてください。とても深い内容が書かれている

からです。

ここに書かれた内容を理解したと思ったら、数直線上の 5 と 6 の間に存在する無理数の数列を作ることに挑戦してみましょう。さらに、−6 と −5 の間に存在する無理数の数列は作れますか？

ところで、このような無限の数列は、高校や大学の解析で学ぶことになるでしょう。私は無限が絡んだ問題に、なぜか興味を惹かれます。

累乗

二乗の計算は九九でもう何度もやっていますね？ $2 \times 2 = 4, 3 \times 3 = 9, 4 \times 4 = 16$ などです。次のページの表に、よく使われる累乗計算を示しました。太字で表されている累乗計算の値を知っていれば、試験や宿題をするときにたいへん役に立つでしょう。しょっちゅう使われるからです。他の数の累乗も興味深いパターンがあるので、載せておきました。たとえば、5 の累乗を表す数の下二ケタに注目してください。どれも 25 で終わっているのがわかるでしょう。どうしてそうなるのか、わかりますか？

累乗計算の結果を見ると、答えが驚くほど急激に大きな値になっていきますね！ 6^4 がすでに 1296 のような巨大な数になっています。9^7 は 478 万 2969 になるのも想像以上ではありませんか？ 私にとっては、途方もなく大きく感じられます。しかし、第 15 章で見たように、会社

累乗計算の一覧表

二乗	三乗	四乗	五乗	六乗	七乗	八乗
$2^2 = 4$	$2^3 = 8$	$2^4 = 16$	$2^5 = 32$	$2^6 = 64$	$2^7 = 128$	$2^8 = 256$
$3^2 = 9$	$3^3 = 27$	$3^4 = 81$	$3^5 = 243$	$3^6 = 729$	$3^7 = 2,187$	$3^8 = 6,561$
$4^2 = 16$	$4^3 = 64$	$4^4 = 256$	$4^5 = 1,024$	$4^6 = 4,096$	$4^7 = 16,384$	$4^8 = 65,536$
$5^2 = 25$	$5^3 = 125$	$5^4 = 625$	$5^5 = 3,125$	$5^6 = 15,625$	$5^7 = 78,125$	$5^8 = 390,625$
$6^2 = 36$	$6^3 = 216$	$6^4 = 1,296$	$6^5 = 7,776$	$6^6 = 46,656$	$6^7 = 279,936$	$6^8 = 1,679,616$
$7^2 = 49$	$7^3 = 343$	$7^4 = 2,401$	$7^5 = 16,807$	$7^6 = 117,649$	$7^7 = 823,543$	$7^8 = 5,764,801$
$8^2 = 64$	$8^3 = 512$	$8^4 = 4,096$	$8^5 = 32,768$	$8^6 = 262,144$	$8^7 = 2,097,152$	$8^8 = 16,777,216$
$9^2 = 81$	$9^3 = 729$	$9^4 = 6,561$	$9^5 = 59,049$	$9^6 = 531,441$	$9^7 = 4,782,969$	$9^8 = 43,046,721$
$10^2 = 100$	$10^3 = 1,000$	$10^4 = 10,000$	$10^5 = 100,000$	$10^6 = 1,000,000$	$10^7 = 10,000,000$	$10^8 = 100,000,000$

の重役ともなるとビルの上層階にいて、その力(パワー)は計り知れないものなのです。累乗氏はここでも見せつけてくれました。私は恐れ入ってしまったという次第です。

練習問題の答え

p.7

2. **a.** 命題(等式)
   b. x の2倍から1を引くと0に等しい。
3. **a.** 命題でない(表現)
   b. y の三分の一に3を足し、x を足す。
4. **a.** 命題(不等式)
   b. a は2以上である。
5. **a.** 命題でない(表現)
   b. g に0を足す。
6. **a.** 命題(不等式)
   b. z の三分の一は7より小さい。

p.8

2. **a.** 命題(不等式) **b.** $7 < 2x$
3. **a.** 命題(不等式) **b.** $13 > 3c$
4. **a.** 命題でない(表現) **b.** $3c + 12$
5. **a.** 命題でない(表現) **b.** $\frac{y}{2} - 5$
6. **a.** 命題(不等式) **b.** $7 > \frac{w}{4}$
7. **a.** 命題(等式) **b.** $\frac{x}{3} + 8 = 11$

p.14

2. $2s - 5$
3. $f = \frac{1}{4} \times \frac{4}{5}$ あるいは $f = \left(\frac{1}{4}\right)\left(\frac{4}{5}\right)$。(この値は $\frac{1}{5}$ になる。)
4. $\frac{s-5}{6}$
5. $\frac{s-10}{2}$
6. $2y + 9$
7. $\frac{1}{5}m - 2$ ($m - \frac{4}{5}m - 2$ から計算する。)

p.38

2. $4(x+3)$、4で割り、3を引く。
3. $4y + 3$、3を引き、4で割る。
4. $\frac{z+3}{4}$、4倍し、3を引く。

5. $5\left(\dfrac{w}{2} - 1\right)$、5で割り、1を加え、2倍する。

6. $\dfrac{6n-5}{7}$、7倍し、5を加え、6で割る。

p.49

2. $x = -3$
3. $x = 6$
4. $x = 8$
5. $x = 2$

p.60

2. $x = 1$
3. $x = -6$
4. $x = 3$
5. $x = 8$

p.67

2. 100 ドル
3. 47 個
4. 26 通
5. 21 曲
6. 10 匹

p.82

2. 20 ドル。(40 ドルとしてしまった人は間違いです。)

3. a. お母さんの仕事。 b. 20 時間。

4. レスリー：10 歳、ダンカン：14 歳、ハンター：17 歳。

p.96

2. ← |○|―|―|―|⊕|―|―| →
   0 6

3. ← |―|●|―|―|―|―|○|―| →
   -9   0

4. ← |―|―|―|⊕|―|―| →
 -2 -1 0 1 2 3 4

p.107

2. $x < 8$

← |○|―|―|―|―|―|⊕| →
 0   8

3. $x > -8$

← |―|⊕|―|―|―|―|○|―| →
 -8   0

4. $x \leqq -2$

← |―|⊕|―|○|―| →
  -2 0

5. $x > 4$

← |○|―|―|―|⊕|―|―| →
 0   4

p.130

2. $2^5 \times 5^2$
3. 10^6
4. $12^4 \times 7^3$
5. 0.2^4

p.140

2. -25
3. -150
4. -145
5. 0

p.143

2. $-\dfrac{1}{8}$
3. 0
4. -8
5. -12

p.154

2. $\dfrac{81}{256}x^4$
3. 分配不能
4. $-\dfrac{81}{256}x^4y^4$
5. $\dfrac{81}{256}x^4$

p.173

2.
$x \to f(x)$	$(x, f(x))$
$-6 \to -14$	$(-6, -14)$
$-3 \to -8$	$(-3, -8)$
$0 \to -2$	$(0, -2)$
$3 \to 4$	$(3, 4)$
$9 \to 16$	$(9, 16)$

3.
$x \to f(x)$	$(x, f(x))$
$-6 \to -7$	$(-6, -7)$
$-3 \to -5$	$(-3, -5)$
$0 \to -3$	$(0, -3)$
$3 \to -1$	$(3, -1)$
$9 \to 3$	$(9, 3)$

4.
$x \to f(x)$	$(x, f(x))$
$-6 \to 42$	$(-6, 42)$
$-3 \to 12$	$(-3, 12)$
$0 \to 0$	$(0, 0)$
$3 \to 6$	$(3, 6)$
$9 \to 72$	$(9, 72)$

p.175

2. 原材料 → ソーセージ

x → y	(x, y)
-4 → -3	(-4, -3)
-1 → 0	(-1, 0)
0 → 1	(0, 1)
3 → 4	(3, 4)

3. 原材料 → ソーセージ

x → y	(x, y)
-4 → 10	(-4, 10)
-1 → 7	(-1, 7)
0 → 6	(0, 6)
3 → 3	(3, 3)

4. 原材料 → ソーセージ

x → y	(x, y)
-4 → -21	(-4, -21)
-1 → -9	(-1, -9)
0 → -5	(0, -5)
3 → 7	(3, 7)

p.191

2.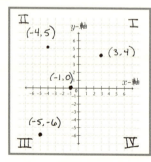

3.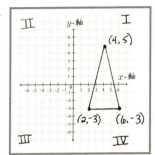

4.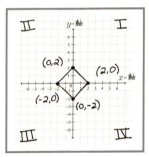

p.194

2. a. 原材料 → ソーセージ

x → y	(x, y)
-3 → 0	(-3, 0)
0 → 3	(0, 3)
3 → 6	(3, 6)

b.

[Graph showing $y = x+3$ with points $(-3,0)$, $(0,3)$, $(3,6)$]

3. a. 原材料 → ソーセージ

$x \to y$	(x, y)
$-1 \to -5$	$(-1, -5)$
$0 \to -2$	$(0, -2)$
$1 \to 1$	$(1, 1)$

b.

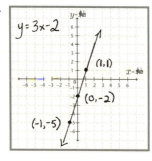

[Graph showing $y = 3x-2$ with points $(-1,-5)$, $(0,-2)$, $(1,1)$]

4. a. 原材料→ソーセージ
        x → y   (x, y)
        −2 → 3   (−2, 3)
        0 → 1   (0, 1)
        1 → 0   (1, 0)
        4 → −3   (4, −3)

   b.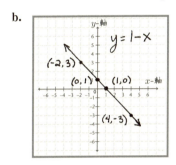

5. a. 私は$(-5, -2)$、$(-1, 2)$、$(1, 4)$を選びましたが、あなたが何を選んだとしても同じ直線が描けなくてはなりません。

   b.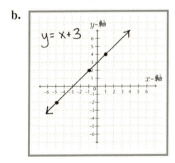

p.211

2. $(-2, -1)$、$(2, 3)$。傾き 1。

3. $(0, 5)$、$(2, 3)$、$(4, 1)$。傾き -1。

4. $(1, -5)$、$(2, 3)$。傾き 8。

5. $(-2, 3)$、$(4, 1)$。傾き $-\dfrac{1}{3}$。

p.217

2. a. $y = 2x + 1$

b.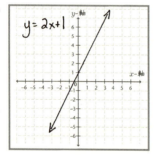

3. a. $y = -2x - 1$

b.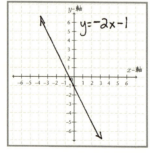

4. a. $y = 4$

   b.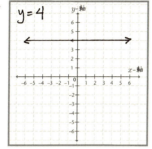

5. a. $y = \dfrac{2}{3}x$

   b.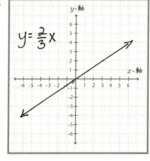

6. a. $y = -\dfrac{1}{4}x - 1$ または $y = -0.25x - 1$

b.
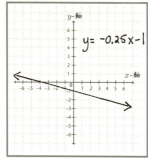

索 引

*斜体の数字は『方程式を極める篇』のページ数を表す。

記号・数字・英字

-1 の掛け算　60
$\dfrac{0}{0}$　171
$\dfrac{n}{0}$　171
0 の性質　226
PEMDAS　30
x-座標　189
x-軸　*186*
x について解く　*39*
x を取り出す　*36*
y-座標　189
y-軸　*186*

ア 行

アンケート　47, 56, 92, 111, *50, 112*
一次関数　195, 200, 215
演算順序　30
円周率　228

カ 行

解集合　*98*
掛け算(演算順序)　30
数の集合　226
傾き　202
傾きがゼロ　221
傾きが定義不能　221
傾きが負の数　206
傾きの正・負の見きわめ方　209
カッコ(演算順序)　30
関数　166
関数を表にまとめる　170
簡略化　*151*
逆演算　*32*
逆数　62
逆操作　*32*
究極シート　222
係数　*134*
係数が 1　*143*
結合法則　35
原点　8, *186*
項　*135*
交換法則　46
語順　*10*

サ 行

最頻値　102

座標　*189*
座標平面　*188*
時間とのたたかい　*223*
軸　*186*
試験対策　*215*
指数　*127*
指数の分配　*151*
自然数　*226*
実数　*228, 193*
述語(数学の)　*6*
循環小数　*227*
順序対　*189*
象限　*187*
小数の累乗　*141*
職業(数学が役立つ)　*22*
水平思考パズル　*86*
数学語から日常語へ翻訳　*2*
数学的な表現　*4*
数直線　*6, 185*
整数　*3, 226*
絶対値　*13, 80*
絶対値の演算順序　*84*
絶対値の累乗　*142*
切片　*215*
線形関数　*215*
ストレス　*20*
ストレス(心理テスト)　*113*

タ 行

代入　*127, 5*
足し算(演算順序)　*30*
単位元　*225*
中央値　*99*
直線の方程式　*213, 220*
底　*127*
底が(-1)　*139*
定数　*133*
等式　*3*
同類項　*180*
トラブル(方程式の)　*57*

ナ 行

ナンプレ　*160*
日常語から数学語へ翻訳　*8*

ハ 行

パーセント　*229*
半直線　*91*
引き算(演算順序)　*30*
評価　*130*
フィットネスのこつ　*212*
不等号の鏡の法則　*99*
不等式　*3*
負の数　*14*
負の数の分配法則　*201*
負の係数　*142*
負の小数　*20*
負の定数　*142*
負の分数　*20, 67*
文章題　*1*
文章題のキーワード　*11*

分数の特徴　171
分数の累乗　*141*
分配法則　195
分配法則が適用できない　196
分配法則の正しい使い方　203
平均値　95
変数　126, 132
変数に変数を代入する　*74*
変数を含む掛け算　161
変数を含む分数　169
変数を含む割り算　169
方程式の解法　*42*
方程式を立てる　*41*

　　マ 行

未知数　134, 135, *10*
ミンテジャー　2
無理数　227, *93*

無理数(無限に存在)　*230*
メジアン　99
モード　102

　　ヤ 行

有限小数　227
友人(心理テスト)　*115*
有理数　227, *93*
有理数(無限に存在)　*229*
要点のまとめ　220

　　ラ 行

リンテジャー　3
累乗　*127*, 231
累乗(演算順序)　30
累乗(負の数の)　*134*
累乗とカッコの関係　*150*

　　ワ 行

割り算(演算順序)　30

ダニカ・マッケラー（Danica McKellar）
1975年生まれ．カリフォルニア大学ロサンゼルス校を卒業．数学の学位を取得．青春ドラマ『素晴らしき日々』，ゲーム『鬼武者』英語版など現在は女優・声優として活躍．

菅野仁子
1954年，母，幸子の郷里，福島県相馬市にて出生．津田塾大学大学院にて結び目理論を学ぶ．都内で中高教師を務めたのち，渡米．ルイジアナ州立大学大学院にて「三正則および四正則グラフにおけるスプリッター定理」の博士論文で，2003年に博士号を取得．同年，ルイジアナ工科大学にて助教授．2018年，アップチャーチ准教授の称号を授与され，現在にいたる．位相幾何学的グラフ理論の分野における研究にいそしむかたわら，数学の美しさをできるだけ多くの人と共有することを夢みる．料理と散歩が趣味．

数学と恋に落ちて　方程式を極める篇
ダニカ・マッケラー　　　　　　　　岩波ジュニア新書888

2018年12月20日　第1刷発行

訳　者　菅野仁子（かんのじんこ）
発行者　岡本　厚
発行所　株式会社　岩波書店
〒101-8002　東京都千代田区一ツ橋2-5-5

案内 03-5210-4000　営業部 03-5210-4111
ジュニア新書編集部 03-5210-4065
http://www.iwanami.co.jp/

印刷製本・法令印刷　カバー・精興社

ISBN 978-4-00-500888-9　　　Printed in Japan

岩波ジュニア新書の発足に際して

きみたち若い世代は人生の出発点に立っています。きみたちの未来は大きな可能性に満ち、陽春の日のようにひかり輝いています。勉学に体力づくりに、明るくはつらつとした日々を送っていることでしょう。

しかしながら、現代の社会は、また、さまざまな矛盾をはらんでいます。営々として築かれた人類の歴史のなかで、幾千億の先達たちの英知と努力によって、未知が究明され、人類の進歩がもたらされ、大きく文化として蓄積されてきました。にもかかわらず現代は、核戦争による人類絶滅の危機、貧富の差をはじめとするさまざまな人間的不平等、社会と科学の発展が一方においてもたらした環境の破壊、エネルギーや食糧問題の不安等々、来るべき二十一世紀を前にして、解決を迫られているたくさんの大きな課題がひしめいています。現実の世界はきわめて厳しく、人類の平和と発展のためには、きみたちの新しい英知と真摯な努力が切実に必要とされています。

きみたちの前途には、こうした人類の明日の運命が託されています。ですから、たとえば現在の学校で生じているささいな「学力」の差、あるいは家庭環境などによる条件の違いにとらわれて、自分の将来を見限ったりはしないでほしいと思います。個々人の能力とか才能は、いつどこで開花するか計り知れないものがありますし、努力と鍛練の積み重ねの上にこそ切り開かれるものですから、簡単に可能性を放棄したり、容易に「現実」と妥協したりすることのないようにと願っています。

わたしたちは、これから人生を歩むきみたちが、生きることのほんとうの意味を問い、大きく明日をひらくことを心から期待して、ここに新たに岩波ジュニア新書を創刊します。現実に立ち向かうために必要とする知性、豊かな感性と想像力を、きみたちが自らのなかに育てるのに役立ててもらえる、すぐれた執筆者による適切な話題を、豊富な写真や挿絵とともに書き下ろしで提供します。若い世代の良き話し相手として、このシリーズを注目してください。わたしたちもまた、きみたちの明日に刮目しています。

(一九七九年六月)

― 岩波ジュニア新書 ―

882　40億年、いのちの旅　伊藤明夫

40億年に及ぶとされる、生命の歴史。それをひもときながら、私たちの来た道と、これから行く道を、探ってみましょう。

883　生きづらい明治社会
――不安と競争の時代　松沢裕作

近代化への道を歩み始めた明治とは、人々にとってどんな時代だったのか？ 不安と競争をキーワードに明治社会を読み解く。

884　居場所がほしい
――不登校生だったボクの今　浅見直輝

中学時代に不登校を経験した著者。マイナスに語られがちな「不登校」を人生のチャンスととらえ、当事者とともに今を生きる。

885　香りと歴史　7つの物語　渡辺昌宏

玄宗皇帝が涙した楊貴妃の香り、織田信長が切望した蘭奢待など、歴史を動かした香りをめぐる物語を紹介します。

886　〈超・多国籍学校〉は今日もにぎやか！
――多文化共生って何だろう　菊池聡

外国につながる子どもたちが多く通う公立小学校。長く国際教室を担当した著者が語る、これからの多文化共生のあり方。

889　めんそーれ！化学
――おばあと学んだ理科授業　盛口満

料理や石けんづくりで、化学を楽しもう。戦争で学校へ行けなかったおばあたちが学ぶ教室へ、めんそーれ（いらっしゃい）！

(2018.12)

岩波ジュニア新書

877・876 数学を嫌いにならないで
基本のおさらい篇
文章題にいどむ篇
ダニカ・マッケラー　菅野仁子訳

数学が嫌い？ あきらめるのはまだ早い。この本を読めばバラ色の人生が開けるかもしれません。アメリカの人気女優ダニカ先生が教えるとっておきの勉強法。苦手なところを全部きれいに片付けてしまいましょう。いつのまにか数学が得意になります！

878 10代に語る平成史
後藤謙次

消費税の導入、バブル経済の終焉、テロとの戦い…、激動の30年をベテラン政治ジャーナリストがわかりやすく解説します。

879 アンネ・フランクに会いに行く
谷口長世

ナチ収容所で短い生涯を終えたアンネ・フランク。アンネが生き抜いた時代を巡る旅を通して平和の意味を考えます。

880 核兵器はなくせる
川崎哲

ノーベル平和賞を受賞したICANの中心にいて、核兵器廃絶に奔走する著者が、核の現状や今後について熱く語る。

881 不登校でも大丈夫
末冨晶

「学校に行かない人生＝不幸」ではなく、「幸福な人生につながる必要だった時間だった」と自らの経験をふまえ語りかける。

(2018.8)

岩波ジュニア新書

870 覚えておきたい 基本英会話フレーズ130 小池直己

基本単語を連ねたイディオムや慣用的フレーズを厳選して解説。ロングセラー『英会話の基本表現100話』の改訂版。

871 リベラルアーツの学び ―理系的思考のすすめ 芳沢光雄

分野の垣根を越えて幅広い知識を身につけるリベラルアーツ。様々な視点から考える力を育む教育の意義を語る。

872 世界の海へ、シャチを追え! 水口博也

深い家族愛で結ばれた海の王者の、意外な素顔。写真家の著者が、臨場感あふれる美しい文章でつづる。[カラー口絵16頁]

873 台湾の若者を知りたい 水野俊平

若者たちの学校生活、受験戦争、兵役、就活……、3年以上にわたる現地取材を重ねて知った意外な日常生活。

874 男女平等はどこまで進んだか ―女性差別撤廃条約から考える 山下泰子・矢澤澄子監修／国際女性の地位協会編

女性差別撤廃条約の理念と内容を、身近なテーマを入り口に優しく解説。同時に日本の課題を明らかにします。

875 〈知の航海〉シリーズ 知の古典は誘惑する 小島毅 編著

長く読み継がれてきた古今東西の作品を紹介。古典は今を生きる私たちに何を語りかけてくれるでしょうか?

(2018.6)

岩波ジュニア新書

864 榎本武揚と明治維新
——旧幕臣の描いた近代化
黒瀧秀久

幕末・明治の激動期に「蝦夷共和国」を夢見て戦い、その後、日本の近代化に大きな役割を果たした榎本の波乱に満ちた生涯。

865 はじめての研究レポート作成術
沼崎一郎

図書館とインターネットから入手できる資料を用いた研究レポート作成術を、初心者にもわかるように丁寧に解説。

866 その情報、本当ですか?
——ネット時代のニュースの読み解き方
塚田祐之

ネットやテレビの膨大な情報から「真実」を読み取るにはどうすればよいのか。若い世代のための情報リテラシー入門。

867 ロボットが家にやってきたら…
——人間とAIの未来
〈知の航海〉シリーズ
遠藤 薫

身近になったお掃除ロボット、ドローン、AI家電…。ロボットは私たちの生活をどう変えるのだろうか。

868 司法の現場で働きたい!
——弁護士・裁判官・検察官
打越さく良
佐藤倫子 編

13人の法律家(弁護士・裁判官・検察官)たちが、今の職業をめざした理由、仕事の面白さや意義を語った一冊。

869 生物学の基礎はことわざにあり
——カエルの子はカエル? トンビがタカを生む?
杉本正信

動物の生態や人の健康、遺伝や進化、そして生物多様性まで、ことわざや成句を入り口に生物学を楽しく学ぼう!

(2018.4)